君がいた奇跡の10か月

Miraculous
ten months with you

金魚の雪ちゃん

「えみこのおうち」
管理人 えみこ

青春出版社

僕、雪です。
中国で生まれて、韓国にやってきました。
ホワイト・ローズテール・オランダ
という種類の金魚です。

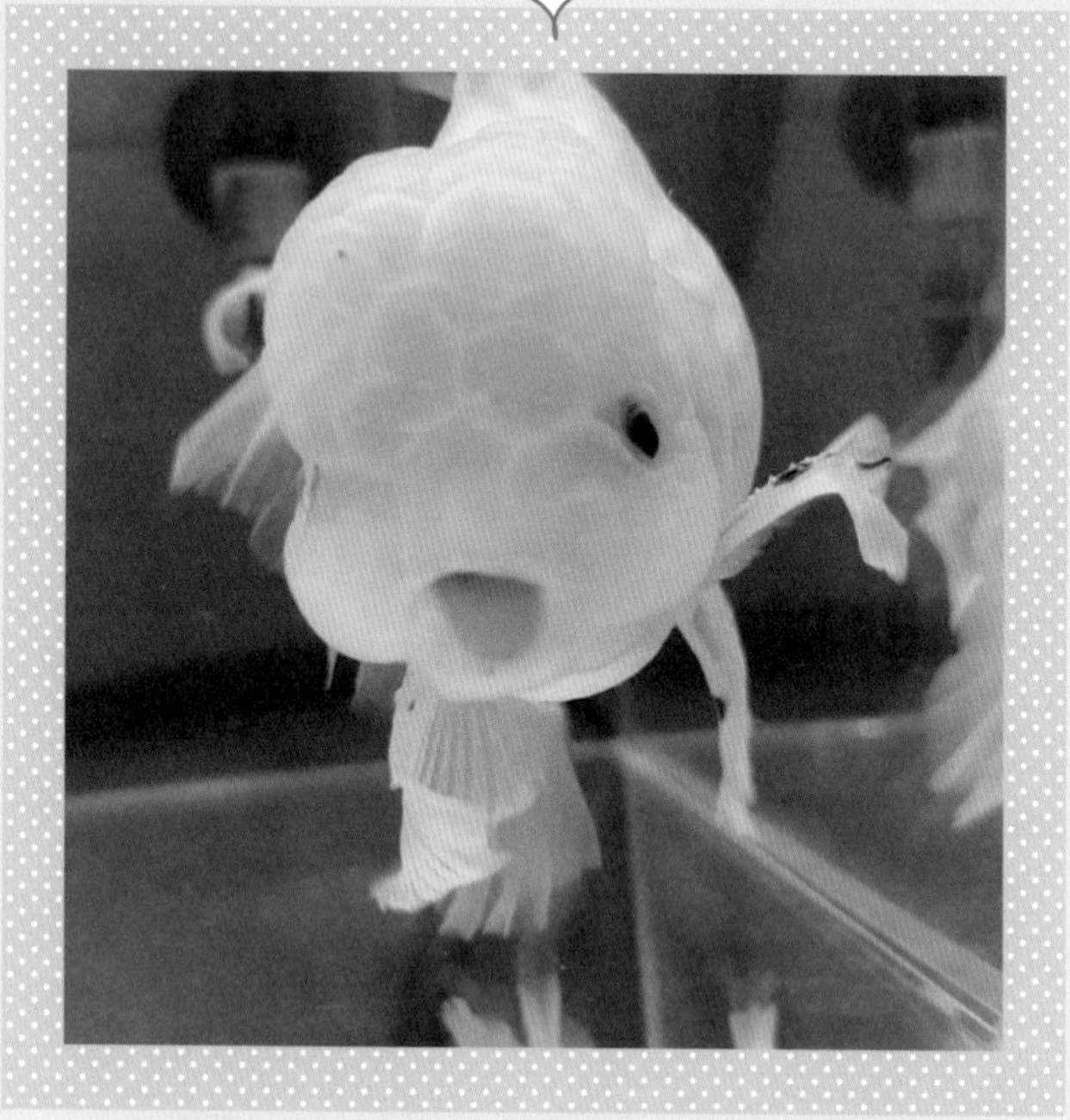

雪ちゃんは、
白いバラのような尾びれを持つ、
人なつっこく、やんちゃな男の子です。

僕、うまく
泳げないの

自慢の尾びれ、
お見せします

沈んでいます…

遊ぶのだって得意です

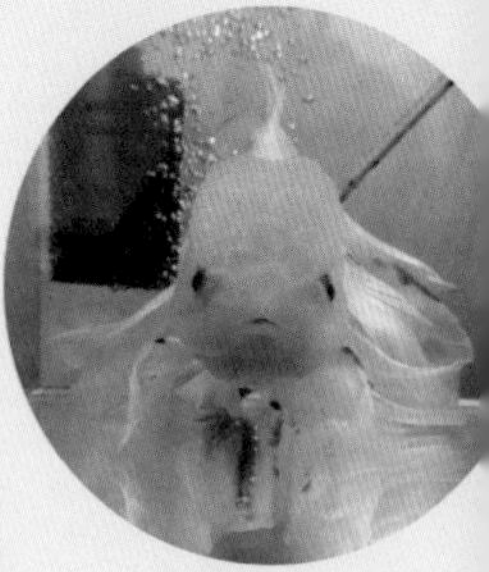

ひょっこり雪ちゃん

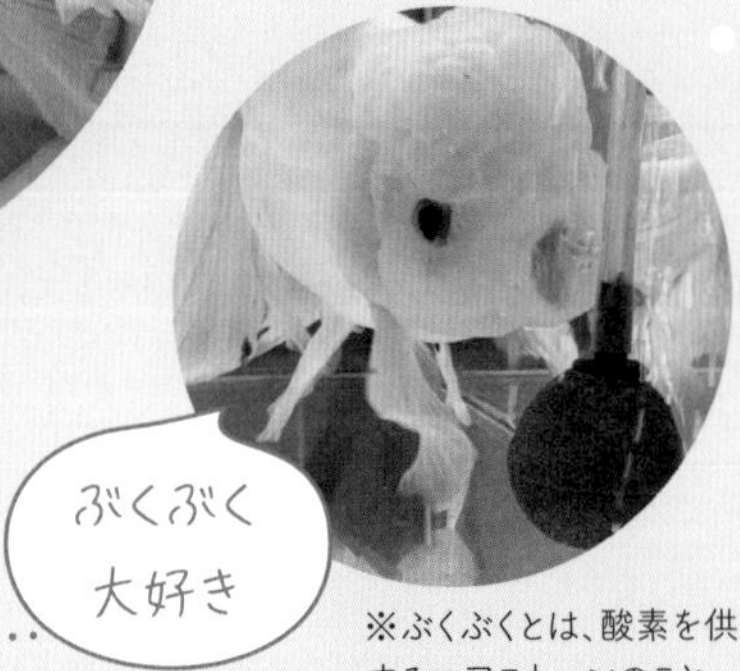

好奇心いっぱい

※ぶくぶくとは、酸素を供給するエアストーンのこと

CONTENTS

Chapter 1

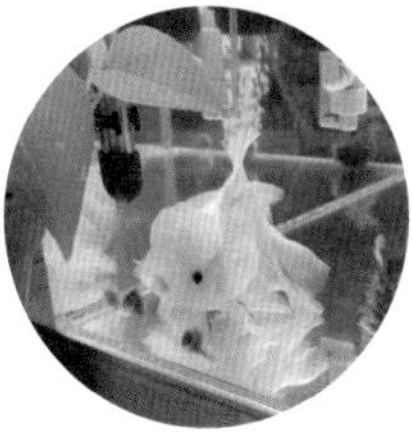

Chapter 2

企画・編集協力　嶋屋佐知子
本文デザイン　岡崎理恵
写真協力（P17）日本動物薬品株式会社
写真＆イラスト　著者

※本書は、著者の個人的な体験談です。
金魚の治療法については、個体差や
病状による違いも大きいため、
専門家の助言を受けることをお勧めします。

Chapter 1

①余命1週間の金魚をタダでもらったところ……

お迎え初日〜10日

黒い瞳の可愛い子、でも水槽に沈んだまま

２０２３年、６月。

韓国に住む私は、わが家に新しい金魚を迎えようと、家族と鑑賞魚ショップに行ったところ、１匹の小さい金魚に目が吸い寄せられました。

体は真っ白、まん丸の目は真っ黒。尾びれがバラのように美しく広がるのが特徴の「ホワイト・ローズテール・オランダ」が、そこにいたのです。

「らんちゅう」のように、頭にコブ（肉瘤《にくりゅう》）のある金魚がほしかった私は、思わずそばに寄り水槽に顔を近づけました。

けれども、他の金魚のように自由に泳ぐこともなく、水の底でじっとして、様子が

活発に泳ぐ金魚たちの中で、ぽつんと沈む小さな白い金魚がいた

おかしいのです。よく見ると、尾びれの付《つ》け根《ね》にひどい傷がありました。

水槽の底でじっとしていたのは、もう泳げないほど衰弱していたからでした。

金魚は25万ウォン（約2万5000円）で販売されていました。

かわいそうに。でも、弱った金魚は飼えません。しかもこんなに高額です。


店内を回ってみましたが、他に気に入った金魚がいなかったので、諦《あきら》めて帰ろうとしました。すると、その金魚は泳げないのに底を這《は》い、ズリズリとこちらに近づこうとしているように見えたのです。私の錯覚でしょうか。

立ち去りかねている私に、店長さんが、

「この子は病気がひどくて、もってあと1週間だと思います。そんなに気になるのでしたら、タダで譲りますよ」

と言ってくれました。

お店が言うほどですから、もう助からないのでしょう。せめてお墓を作ってあげようという気になり、余命1週間の金魚を連れて帰ることにしました。

尾びれの大きな傷、そして松かさ病？

その金魚は、尾の付け根部分がえぐれ、肉と骨がむき出しのように見えました。横から見るとV字型に欠けており、付け根には小さな水泡もできています。出血もあり、ホワイト・ローズテールの白い尾びれが、赤く充血しています。泳ごうと尾びれを動かすと、ゼリー状の血液がにじみ出しては、水に溶けていきました。もう長くはないでしょう。せめて名前をつけてあげようと、白い体と丸っこい見た目が可愛いので「雪ちゃん」と名づけました。

お店のホームページを見ると、2カ月前に入荷された頃の雪ちゃんが映っている動画がありました。

尾びれに充血が感じられますが、元気に泳いでいたようです。

2週間前の動画もありました。雪ちゃんを探すと……いました。沈んでいます。どうやら2、3週間前から泳げなくなっていたようです。

飛行機に乗って、遠く中国からやってきた雪ちゃん。まだ幼いのに、このまま死ぬのはかわいそうです。なんとか助けてあげられないだろうか……。

とりあえず小型のプラスチックケースに塩水を作り、雪ちゃんを入れます。

金魚の体は真水よりも塩分濃度が高いので、塩水にいるほうが楽になり、体力を回復しやすいのだそうです。

元気のない金魚は、0・5％の塩水に入れるとよいと聞きます。

ここに毒性の少ないメラフィックス（雑菌を抑えるハーブオイルの水質調整剤）を入れて、様子を見ることにしました。

雪ちゃんはこの浅いケースの中でも、底に沈んだままでした。

エラは動いていますが、ほとんど動きがありません。

明日、生きて会えるでしょうか。

翌日。

連れて帰ったが、家でも水底に沈んだままだった

生きていました。

そして、意外にも傷がきれいになっています。メラフィックスが効いたのか、真っ赤な傷口がピンク色に変わり、炎症が少し治まったようです。

ところが、よく観察してみると、ウロコが少しケバ立つように開きぎみなのです。家族とともに、複数の目で眺めました。

「ウロコがちょっと立ってるかな……。うーん、怪しいよね……」。

ウロコが逆立って、体の輪郭がギザギザに見える。

これは金魚にとって、不治の病と言われる病気、「松かさ病（立鱗病《りつりんびょう》）」の兆候です。

細菌に感染すると体内に炎症が起こり、ウロコの根元の皮膚（鱗嚢《りんのう》）に水様物《すいようぶつ》や血漿《けっしょう》が溜まって、ウロコが持ち上がるのです。

初めはわずかに開く程度のウロコが、病気が進むとはっきりと逆立ち、魚の体が球体状にふくらんで見え、松ぼっくりのような痛ましい外観に変わっていきます。ひどくなると眼球が飛び出る「ポップアイ（眼球突出）」にもなります。

最も避けたい病気のひとつですが、治療がきわめて難しく、とにかく早い段階で薬を飲ませ、原因菌を殺すことがカギとされています。

以前、松かさ病の金魚に使った「フロルフェニコール」の薬液が、少し残っていました。これを飲ませてみます。

さっそく固形の餌《えさ》を薬に浸し、乾いたところで与えましたが——。

食べてくれません。

時間をおいて何度も試しましたが、結局この日は、餌を食べませんでした。

翌日はお迎え3日目。

なんとか食べさせようと頑張りましたが、嫌がって逃げてしまいます。

薬の入っていない餌もダメ。餌を一つも食べてくれません。

松かさ病にかかった金魚
（©日本動物薬品株式会社）

お迎え4日目。

さらに衰弱してきました。エアレーションによるわずかな水流にも、体が流されてしまっています。

何か食べないと、と金魚の大好物の赤虫を与えることにしました。

市販のパッケージからピンセットでつまんで、口元に持っていきます。

「食べてごらん、そうそう」

赤虫のそばまで近寄ってきました。しかし、見たことがないのか、口に入れずに離れていきました。

酷暑がもたらした偶然

5日目。松かさ病が進行し、ウロコの逆立ちが目立ってきました。

尾びれの付け根の水泡も、日に日に大きくなっています。

餌も薬も食べさせられないので、「薬浴《やくよく》」を行おうと思いました。「薬浴」とは、薬を溶かした水に一定時間、金魚を浸《つ》からせておく治療法です。

ただ、薬浴は効果的なだけに刺激が強いのです。ここまで弱った金魚では、とどめを刺すかもしれず、私はなかなか踏みきれずにいました。

この日は用事で朝からずっと家を留守にしていました。雪ちゃんがゆっくり休めるように、ケースに布をかけ、暗くして家を出ます。

夕方に帰宅。

すると、なんと雪ちゃんが、初めて活発に泳いでいました。

2023年の夏は、かつてなく暑い日々でした。韓国もこの日猛暑で、エアコンも切って出かけたので、室内が32度にも達していました。水温も思いがけないほど上昇し、それがよかったのかもしれません。

記録的な猛暑が偶然にも幸いしました。これなら餌を食べるかも！　でも今までの餌は嫌がっています。何かを変えなくては。

金魚好きの私は、YouTubeで金魚の動画を流しています。その視聴者さんが推奨してくれた「オキソリン酸（キノロン系抗生剤）」を使うことにしました。これまでも金魚を飼っていたので、手持ちの魚病薬はいろいろあります。そこからオキソリン酸が主成分となっている薬を探し出しました。

粉末の薬を水で溶かして餌と混ぜます。直径5㎜の団子にまとめ、硬くなるまで乾かして1粒、水槽に落としてみました。

食べません。

スポイトで拾っては口元に持っていきますが、どうしても餌から逃げてしまいます。当たり前ですが、金魚は、抱っこしたりなだめたりして食べさせることができません。

スポイトで根気強く餌を運んで食べさせる

餌をどれほど近づけようと、食べないものは食べないのです。

難しい――。

あまりにも思うようにならず、スポイトを置きそうになりますが、あと1回だけと、くり返し餌を拾い、口のそばに運び続けることしばし。

ついに1粒飲み込みました。モグモグしています。

「食べた、食べた！」

この後、時間をおいて何度も挑戦し、なんとか4粒の餌を食べさせました。

余命1週間をもちこたえた雪ちゃん

それから5日間、薬入りの餌を与え続けたところ――ウロコが閉じてくれました。オキソリン酸の松かさ病への効果を、初めて目の当たりにしました。

お迎えから10日目。

余命1週間と言われた雪ちゃんは、生きていました。泳ぐ元気も出てきたようです。しかし、この間、もともと裂けてボロボロの尾びれは、少しずつ短くなり、前にもましてみすぼらしくなっていました。そして、付け根にある水泡は肥大化しています。以前よりずっと元気になった雪ちゃん。できればもっとよくなってほしい。何か方法はないだろうか――。

② 病気は弱い者を逃さない

お迎え10日～20日

松かさ病は治っても、尾びれの異常はなぜ治らない？

ボロボロの尾びれは気になるものの、ウロコが閉じ、餌もよく食べるので、ちょっとホッとしていました。

ところが、ときおり、まるで発作のように体を痙攣《けいれん》させることに気づきました。

水槽の中で突然、逆立ちするように頭を底に向けては、体をうねらせてひっくり返ります。暴れるような異常な動きです。動きが激しく、時にはジャンプして水を撥《は》ね散らし、床を水浸しにすることもありました。

「大丈夫？」

物音に驚いて駆け寄っても、しばらく動きはやみません。なんだかとても痒《かゆ》がっているように見えます。そして水槽のそばにウロコが落ちていました。
それ以来、水替えのたびに、剥《は》がれたウロコを見つけるようになりました。

雪ちゃんの尾びれ付け根の大きな傷は、骨まで達するほどの深い穴です。
調べると、この状態は「穴あき病（非定型エロモナス症）」という細菌感染症らしいとわかりました。そしてその初期症状が、ウロコが1枚、2枚と剥がれ落ちることだということも。

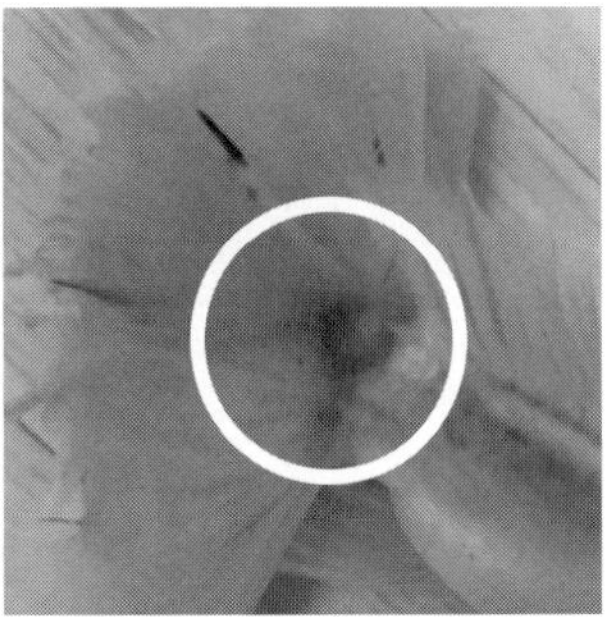

付け根の大きな穴が痛々しい

「病気が進むとウロコが剥がれ、ウロコの下の真皮が露出する。重症になるとその真皮も剥がれ、筋肉が露出する。その状態が、穴があいたように見えるため、穴あき病と呼ばれる――」。これが穴あき病の解説です。

尾びれもまた、改善する様子はありませんでした。家に来た当初と比べると、いっそう細かくちぎ

尾びれが長く美しい種類の金魚だが、見る影もないほどに。
お迎え2日後（左）に比べて14日後はさらに悪化

れ、血走って赤みも増しています。おそらく「尾腐《おぐさ》れ病（カラムナリス病）」という、やはり細菌性の病気です。ふくらみ続ける根元の水泡も、細菌による皮膚疾患のようです。

穴あき病と、尾腐れ病と——つまり雪ちゃんは、体の抵抗力がほとんど失われているのです。一度弱った生き物に、細菌は容赦しません。体に取りつきスキを見つけては攻撃し、さまざまな病気を引き起こすのです。

いろいろな病気にかかった雪ちゃんには、やはり全身の薬浴をさせたいところですが、薬浴にはどうしてもリスクがあります。ようやく回復してきた金魚が耐えられるのか。私はまだ決断できずにいました。

尾腐れ病？ それとも寄生虫？

わが家に来て15日目の朝。雪ちゃんに「おはよう」と声をかけた時、風船のようにふくらんでいた水泡が、つぶれているのに気づきました。

細菌性の水泡がつぶれると、その中に溜まっていた細菌が流れ出て、別の部位に感染するかもしれません。水泡の痕に別の病原菌がつくこともあります。

もうボヤボヤしていられません。薬浴を行うことに決めました。

どの薬を使えばいいのか。私の知る限り、市販の魚病薬は、寄生虫に効く駆除剤、細菌性感染症を治す抗菌剤、カビを退ける抗菌剤の3種類です。

まず雪ちゃんが冒《おか》されている病気を、きちんと突き止める必要があります。

尾びれは尾腐れ病だと思いますが、もしかすると寄生虫に食われている可能性もあります。というのも、以前、亡くした金魚に、（子どもの顕微鏡で見ると）寄生虫ギルダクチルスがたくさんついていたからです。この寄生虫は皮膚やエラに取り付いて組織を侵食し、損傷していきます。

寄生虫に気づかず発見が遅れたために、わが家の金魚は呼吸ができず、死に至りました。もう二度と大切な金魚を失いたくありません。


病因を知るために、雪ちゃんの粘膜を採って調べることにしました。夫を助手に、雪ちゃんを水から引き揚げ、キッチンのシンクに横たえます。

この大きさぐらいの金魚は、水の外でも2、3分ほど生きられます。その間に、スライドガラスで尾びれを慎重に掻《か》き、粘膜をこそげ落とします。雪ちゃんを水に戻して、スライドガラスをのぞきました。

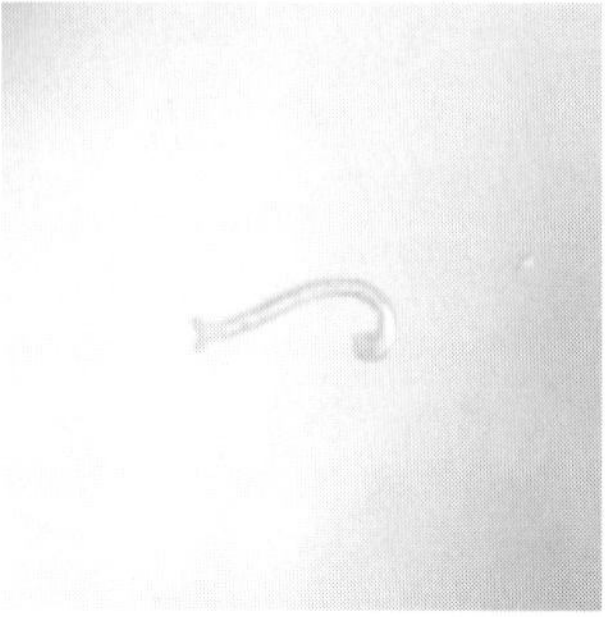
寄生虫ギロダクチルス
（小学生用顕微鏡・100倍率）

小学生の理科用顕微鏡ですが、100倍まで拡大できます。最大倍率で、すみずみまで探しました。しかし、寄生虫は見つかりませんでした。

原因は寄生虫ではないと判断し、細菌感染症の薬を使うことにしました。

意を決して薬浴開始

手持ちの抗菌薬は、高濃度で行う短期（2時間）薬浴法と、低濃度での長期（24時間）薬浴法の、どちらかを選ぶようになっていました。

高濃度は怖いけれど、短期で終わらせましょう。

2時間の薬浴を、1日おきに計3回行います。この薬に耐えてほしい。

説明書通りに薬剤を測り、バケツの水に溶かした薬液を作ります。黄色い薬液に、不安そうな雪ちゃんを入れました。このまま2時間耐えられれば終了です。

「頑張って雪ちゃん」

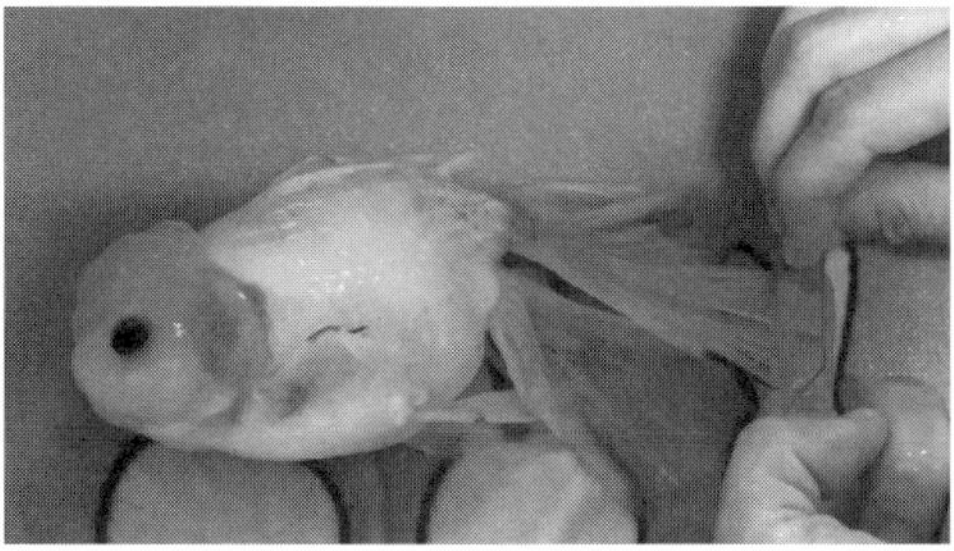

キッチンのシンクで粘膜を採取

安全な薬でも過敏に反応することがあるので、薬を使う時には必ずそばについて見守ります。

1時間経つと、薬液の色が薄くなってきました。尾びれの充血がひどくなり、水面に魚の粘液が浮き上がっています。

1時間半経過。ダメです。苦しいのか、動悸《どうき》が早くなってきました。酸素ポンプがあっても苦しそうです。もう無理と思い、バケツからプラスチックケースに戻します。エラは激しく動いて呼吸が落ち着きません。

見つめていると、10分経たず、エラの動きは元に戻りました。

体から剥がれた粘膜がたくさん浮いています。粘膜は魚にとって大切な防護服です。これが浮かぶのはよくないのですが、でもここに、体についた病原菌が全部死んで流れ出ている……と信じたい。

1日おいて、2回目の薬浴を行います。

時間が経つほどに、薬に反応して、ひれの充血が目立ってきました。しみて痛いの

弱った金魚に行う薬浴。異変がないか見守る

かもしれません。頑張れ雪ちゃん。

この日は、呼吸が乱れることなく、2時間持ちこたえることができました。

さらに1日間をあけ、薬浴3回目。刺激の強い高濃度短時間法をやめ、今日は低濃度24時間法に切り替えました。

濃度を半分にした薬液に入れ、様子を見ていると……、大丈夫そうです。

恐れていた薬浴ですが、ついに予定の24時間が満了し、雪ちゃんは無事でした。

痛かっただろうに、よく頑張ったね。

穴あき病であれ、尾腐れ病であれ、すべての病気が治りますように。

●傷は回復しているのに……新しい問題発生

私は前職で看護師だったのですが、人体は抗菌薬や抗生物質を取り入れると、体を守る細菌も同時に死ぬため体調が狂い、下痢をしがちになるのを見てきました。また、免疫機能も低下するので、他の病気にかかりやすくなることが知られています。

魚もそうなのでしょうか。抗菌剤の薬浴を終えた雪ちゃんの尾びれに、白いカビが生えてきました。

やはり免疫機能が弱いのです。カビを抑えることができません。

痛々しかった尾びれの傷は、少しずつ改善してきたのですが、次は白カビの治療をしなくてはいけません。

いつしか余命1週間の雪ちゃんが、わが家に来て20日目を迎えていました。

③ はじめて元気に！　束の間の安堵

お迎え20日〜27日

水カビが体に広がる前に

3回の薬浴が功を奏し、尾びれ付け根の穴が、少しずつふさがってきました。餌もよく食べ、一見、順調に回復しています。

しかし実際は、まだ体の抵抗力は弱いまま。尾びれにカビが生えてきました。健康な体はカビを撃退できますが、雪ちゃんはそこまでではないのです。

放置すればカビは増殖して白い綿帽子状になります（水カビ病）。水カビ病が、別名「綿かぶり病」とも呼ばれるゆえんです。そうなる前に根絶しなくてはいけません。

私は水カビ病の金魚を「メチレンブルー」で治したことがあります。それをやってみようと、雪ちゃんの入っている塩水に、液体のメチレンブルーを計って、少しずつたらしていきました。

水が、たちまち真っ青に変わっていきます。

雪ちゃんはきっと、「アレッ？　なんかヘンだ」と驚いているでしょう。

ごめんごめん、きっとこれでよくなるからね。


翌日も、水を換えて新しいメチレンブルーを落とします。治療2日目で、効果は早くも現れました。

前の日には白くはっきりと見えていたカビが、ほとんどわからないほど小さくなりました。雪ちゃんの動きも悪くありません。

3日目になると、目に見えるカビがほぼ消えました。念のためもう数日続けます。


治療5日目。

雪ちゃんは機嫌よくお散歩泳ぎをして、調子がよさそうです。初めて水面に顔を出

餌のおねだりをする雪ちゃん

して餌をおねだりしました。胸びれがパタパタと動き、高速回転しています。

雪ちゃん、よくなったんだね。

尾びれの付け根の穴も、再生されてほとんどふさがってきました。

ただ、ときどき頭を下に向けて体をうねらせたり、底に沈んでいたりするのは、相変わらずでした。もしかしたら浮袋に障害があって、ふつうに泳ぐことはできないのかもしれません。

それでも、間違いなく元気になりました。尾びれも悪化はしていません。これから再生するのを待てばいいのかも。ということで、これで治療は終わりにしましょう。

もう大丈夫！　ウキウキの治療終了準備

わが家に来た頃はほとんど動かず、生きているのかどうか、エラの動きを確かめなければわからないほどでした。

でも、お迎えから24日目の今日、プラスチックケースの中を、泳ぎ回るまでに回復したのです。嬉しくてなりません。

雪ちゃんにはまだ生きる力が残っていたのです。まさか余命1週間の金魚が復活するなんて。思ってもいなかった夫は口を開けて驚いていました。

私は夫の顔を見て思わずニンマリ。ここまでとは思いませんでしたが、わずかな期待は持ち続けていたのです。

小学校5年生の息子と幼稚園児の娘は、「雪ちゃん死んじゃうのかな、かわいそう」と言っては、プラスチックケースをのぞき込んでいました。ところが次第に、「雪ちゃんガンバレ！」と言葉が変わってきました。

徐々に泳げるようになる雪ちゃんの姿を見て、単純に「すごい！　雪ちゃんすごいよ!!」と言っては大はしゃぎ。

家族みんなが大喜びするので、なんだか雪ちゃんの顔が照れくさそうに見えました。

わが家のアイドルは、これからもっと元気になっていくはずです。


実は、雪ちゃんがわが家に来る前から、新しい金魚の家として、60㎝の大きな水槽を準備していました。透明なガラス製で、今まで雪ちゃんを入れていた治療用のプラスチックケースと違って、中の金魚がよく見えます。

何かしら魚を入れておかないと、濾過《ろか》バクテリアが繁殖せず、いい水にならないので新しい金魚が来るまでの間、小さなグッピーとカージナルテトラを入れ、この大型水槽を守ってもらっていました。

そろそろ雪ちゃんが治療用ケースを卒業し、ここに移る日が近づいてきたようです。


大型水槽では、基本的には真水飼育をします。塩水が大量になると、バクテリアの働きが不十分になり、きれいな水での安定した飼育ができないからと、一般的に言われています。

金魚は塩水にいるほうが楽ですが、ずっと塩水にいると、体を守る粘膜が薄くなって逆に不健康になるため、できるだけ真水で育てることとされています。ですから今回のお引越しは、体のためにもいいのです。

ただ、いきなり塩水から真水に入れると塩分濃度が急変してストレスになります。少しずつ濃度を下げ、それでも元気でいるなら、完全に大型水槽にお引越ししましょう。

そこで、水換えのたびに塩分濃度を0・1％ずつ減らしていきました。0・5％から0・1％まで下げましたが、元気な様子です。これなら濃度0％、真水の大型水槽に棲《す》めるでしょう。

長かった治療生活。明日からは大きな水槽で、のびのび泳げるよ。

嬉しくてワクワクします。入っているテトラとグッピーを別の水槽に移し替えて、翌日の引越しを楽しみにしていました。

ところが――。

翌朝、何が起こったのか、突然雪ちゃんの尾びれが真っ赤に変わっていたのです。

呆然としました。昨日まで白かったのに。

今までも、激しく動いて尾びれが充血することはありました。でも、これほど赤くなることはなかったのです。尾びれの先端から、出血もしていました。

雪ちゃんはまた何かの細菌がついて、感染症を発症したのです。

この状態では、環境の変わる場所に移すとストレスになるので、できません。

お引越しは中止です。がっかりして言葉が出ません。

お迎えから27日目。

気が沈みますが、やっぱり雪ちゃんの元気に泳ぐ姿が見たい。その日まで、一緒に頑張ろうと思い直しました。

④ 先生、うちの金魚を助けてください……

お迎え27日〜34日

どこにでもいる菌なのに

治療用プラスチックケースから水槽に移そうとした当日、一気に悪化した雪ちゃん。いろいろ調べた結果、これはエロモナス菌による赤斑《せきはん》病か、カラムナリス菌による尾腐れ病のように思いました。

どちらも水の中によくいる常在菌です。健康な金魚であれば問題になりません。やはり雪ちゃんの免疫機能は、弱く衰えたままだったのです。

甘く見ずに、もう少し塩水浴を続けて体を回復させればよかった。

でも、くよくよしているひまはありません。こうしている間にも尾びれについた病原菌は増殖を続けています。早く一掃しなければ。

金魚を楽にするために、もう一度、水の塩分濃度を上げていくことにしました。

赤斑病と尾腐れ病によく効くと言われているのが、松かさ病治療でも登場した抗生剤「オキソリン酸」です

韓国製のオキソリン酸入り魚病薬で、薬浴をすることに決めました。

尾びれの充血はひどいのですが、幸い雪ちゃんは、水槽の中を泳ぎ回ったり餌を積極的に食べたりするだけの体力が残っています。

大丈夫。きっとよくなると信じ、24時間ごとに新しい薬液をバケツに張って雪ちゃんを中に放ちます。この薬浴を3日連続して行いました。

真っ赤だった尾びれですが、今度も薬が効いて、充血が治ってきました。

よかった。

充血部分は、まだらに残っていますが、これ以上の薬浴は金魚の負担が大きいので、薬を餌に混ぜて食べさせる内服治療に切り替えました。

水面から顔を出し、元気に餌を求める

翌日、オキソリン酸入り薬餌《やくじ》をあげてみると――大丈夫です。薬が入っていても、ちゃんと食べています。2時間おきに1粒、1日に5粒を食べさせました。

元気になってきた雪ちゃんは、私が近づくたびに、はしゃぐように泳ぎ回り、餌をおねだりしています。

金魚は人の顔がわかります。お世話してくれる人や、親しい人が見えたりすると、嬉しそうに活発になるのです。

餌もよく食べ、尾びれの充血はさらに薄くなりました。

このままよくなっていくと思っていました。

とうとう腸に異変が広がる

雪ちゃんが家に来て、31日目。

いつもと変わらない朝を迎えました。

ところがどうしたことか、近づいていくと雪ちゃんは逃げるそぶりを見せました。ケースにかけた布に向かって泳ぎ、頭を隠してしまうのです。

明らかに様子が違います。理由はわかりませんが、異変を感じました。

この日初めて、雪ちゃんが下痢をしました。

今までは、短い筒状で、中身がちゃんと詰まった色の濃いフン。けれどもこの日見たのは、細長く、薄い膜にソーセージのように包まれた、でも中身の詰まっていないフンです。

腸の調子が悪く、消化不良を起こしているサインです。

雪ちゃんが余命宣告を超えて、ここまで長く生きてこられたのは、腸などの消化器官がしっかりしていたこと、そしてエラ・呼吸器の調子も悪くなかったことが大きいと考えています。

今まで金魚を飼ってきて思うのですが、金魚に致命的なダメージを与えるものが、一つは腸の不調、もう一つはエラの不調です。ちゃんと消化でき、呼吸ができるなら希望が持てます。呼吸はもちろんですが、金魚はそれだけお腹の具合が重要なのです。

それなのに――。嫌な予感がします。

お腹に無理をさせないように、餌を与えるのはしばらくやめることにして、水温を測りました。

金魚の腸の働きをよくするには、水温を上げることです。

この時の水温は23・8℃。

ただ、尾腐れ病は高水温にすると悪化する、というブログ記事もたくさん見つけました。まだ尾びれが完治していないのに水温を上げれば、尾腐れ病が再発するのではないか。

非常に悩みましたが、今は腸の治療を優先することにしました。

水槽にヒーターを入れ、ストレスにならないよう、昼と夜に0・5℃ずつ段階的に上げていきます。

水温を25・4℃に上げた朝。

雪ちゃんは、水槽の底に沈んでじっとしていました。

「雪ちゃん、おはよう。よく寝たかい？」

ひれの動きも力なく、やっぱり今日も元気がありません。

そして、中身が透けて見えるような、細長いヒモ状の粘液便を出すようになりました。もはやフンとは言えないくらいです。

内臓がいよいよ弱ってきてしまったのか。

水温をさらに上げます。


この日の水温はもう一段高く、27℃にしました。

その効果か、雪ちゃんは健康なフンを出しました。

回復のきざしでしょうか。ところが、水槽をよく見ると、水中ヒーターの端に、もややとした白っぽい物体がまとわりついていました。

スポイトで吸い上げると、粘液のようで、汚いドロドロとした物体です。

小学生の顕微鏡で変なモノを発見

「イヤだ、なんだこれ？」

排泄物か、それとも体の粘膜が落ちたのかもしれません。

スライドに乗せて、顕微鏡をのぞいてみました。

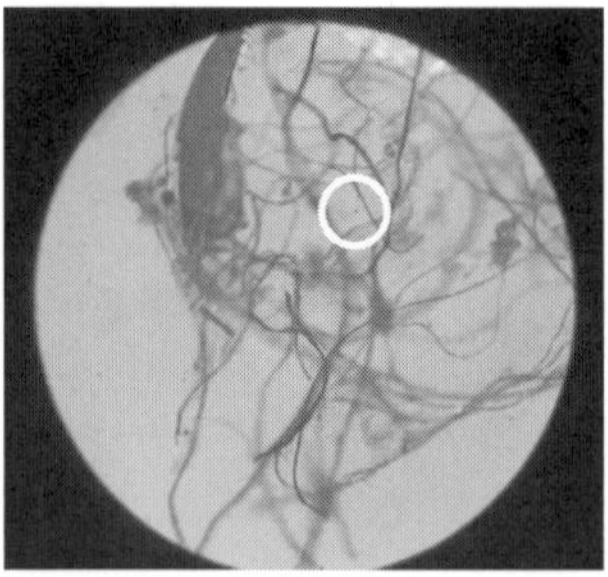
謎のモヤモヤの中に寄生虫を発見

髪の毛のような繊維状のものが、からまって映り出ました。
しばらく目をこらしていると、繊維の間をぬって、ゴミのようなとても小さな黒い点が動いているのを発見しました。
かなりのスピードで、あちらこちらへピュンピュン動きまわっています。

この動き方からすると生き物です。寄生虫？

正体はわかりませんが、でたらめに動くその黒い点は、とても禍々《まがまが》しいものに見えました。

これが寄生虫で雪ちゃんを苦しめている元凶なら、すぐにも駆除したい。

しかし、どうすればいいのか。

わが家の顕微鏡では、これ以上詳しく観察できません。寄生虫だとしても、種類がはっきりせず、駆除法もわかりません。いったいどこに助けを求めたらいいのだろう。

遡ること1年前。韓国の始興《シフン》市で、大規模な鑑賞魚博覧会が開催されました。

そのイベントの中で、水中生物関連の資格を持つ先生に、観賞魚の病気について直接相談できるという企画がありました。

当時、私は新しい金魚を入れると、元からいる金魚が全滅するという怪現象に悩んでおり、その原因について、先生たちの間を駆け回りいろいろと教えてもらいました。

その時、魚類の寄生虫のプロに、名刺をいただいていたことを思い出しました。

世界各国から輸入される水産生物の寄生虫や細菌を調べ、怪しい個体は上陸を拒否する検疫官で、韓国の水産物輸入業の水際に立つ専門家です。

空港での検疫がメインの仕事ですが、観賞魚の病気について気になることがあれば連絡してくださ い、と言ってくれました。

ご好意で言われたことなので、返事がもらえるかどうかはわかりません。

ですが私には、もうなすすべがなく、名刺をくれたキムという先生に寄生虫の動画をメールして、助けてほしいと連絡しました。

韓国の観賞魚博覧会で専門家と出会う

藁をもすがる思いで専門家にメール

するとまさかのことが起きました。

メールを送ったその日に、キム先生から返信があったのです。雪ちゃんの状態について、初めて聞く専門家の意見でした。

先生に、２つのことを質問していました。

「動画に映っていた寄生虫はなんでしょうか？」

「家にある駆虫剤『トリクロルホン』製剤または『プラジカンテル』製剤で駆除できるでしょうか？」

先生からの返答はこういうものでした。

「動画で見た寄生虫は、絨毛虫《じゅうもうちゅう》の一種だと思います。

トリクロルホン、プラジカンテルでは駆除できないでしょう」

そして、

「今の金魚の様子をビデオに録って送ってもらえますか」。

驚きのアドバイス

すぐに雪ちゃんの様子を動画撮影して送ると、

「動画を見たところ、この金魚は、寄生虫よりも細菌感染がひどく、かなり危ない状態だと思います」

という返事をいただきました。

その通りです。でも、もうこれ以上、私にできることはありません。

そこで、

「先生、もし先生のところに金魚を連れて行けば、診察をしてもらえるでしょうか」

と思いきってたずねてみました。

すると、

「空港の検疫場まで来ていただけるなら、寄生虫の詳しい検査と注射をすることが可能です」

と言われました。

金魚に注射を打つ!?


初めて聞きました。

あんな小さい金魚に注射を打ったりできるのでしょうか。

しかし、今の雪ちゃんを治すには、注射という予想外の手段しかないように思えてきました。

ただ、先生のメールには続きがありました。

「でも、そこから空港まではかなりありますね。

遠いので今の状態を見ると、ここまで生きて到着できるか心配です。移動時間を持ちこたえられるかどうか……」

1日も早く診てもらいたいのですが、診察ができるのは、空港の検疫業務が落ち着

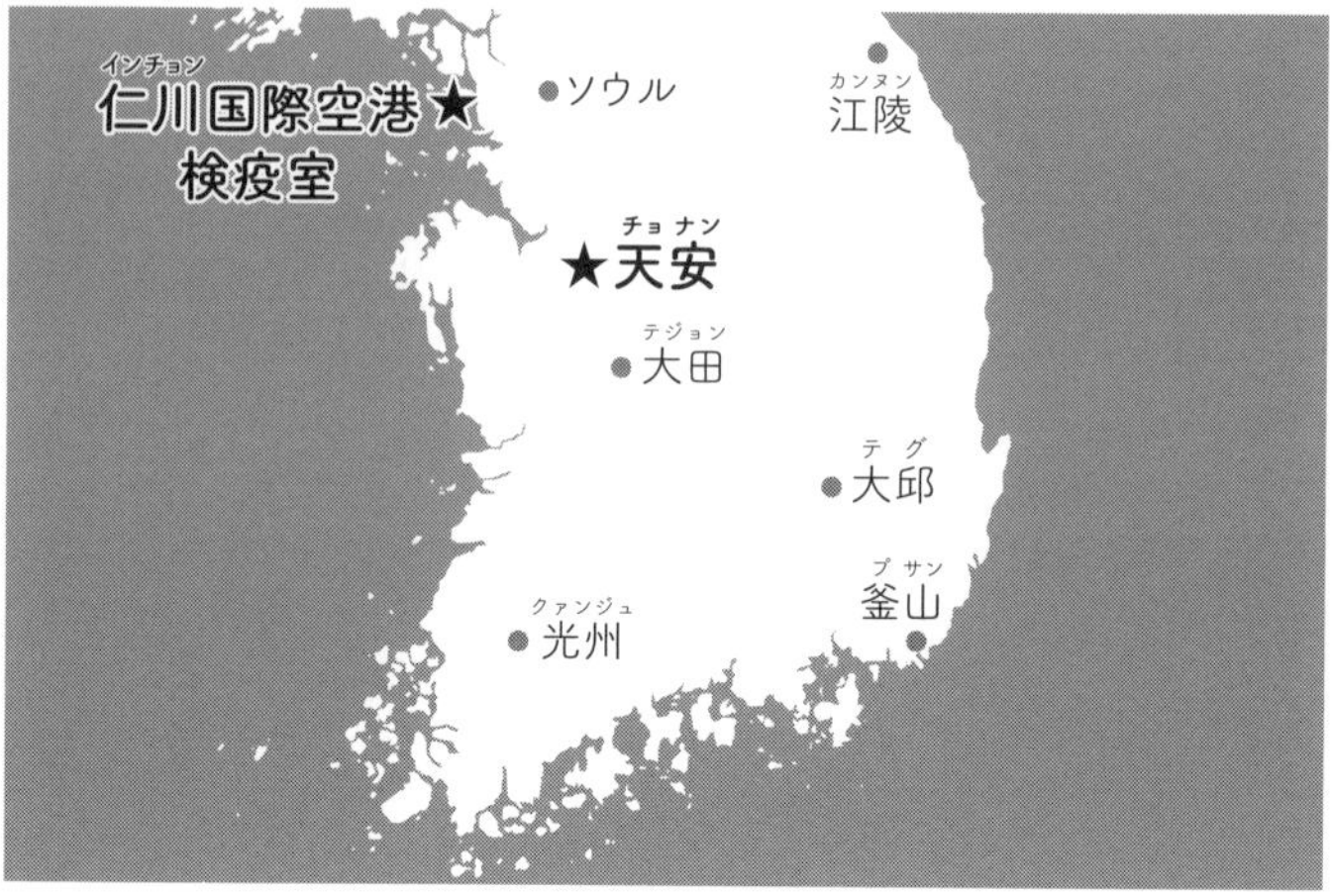

く平日の午後に限られます。

私の住む天安《チョナン》市から仁川《インチョン》空港までは、高速道路で片道約2時間かかりますが、高速道路は怖くて運転したことがありませんでした。かと言って、一般道路を使えば往復6時間以上になり、雪ちゃんが耐えられそうにありません。

会社員の韓国人の夫に、空港まで運転してもらえないかと頼んでみました。平日なので、仕事を休んでもらわなくてはならず、気が引けます。

しかし夫はちょっと考えて、協力すると言ってくれました。有給を取って雪ちゃんを空港まで連れて行くと。

ただし、行けるのは仕事が一段落する来週。ちょうどこの日から1週間後です。

雪ちゃんは下痢をしてからすっかり元気がなくなり、水中で姿勢を保てず、ときどき横倒しになって沈むようになりました。

尾びれの充血はひどく、そして恐れていたことが起きました。ウロコがまた開いて逆立っています。

松かさ病が再発したのです。

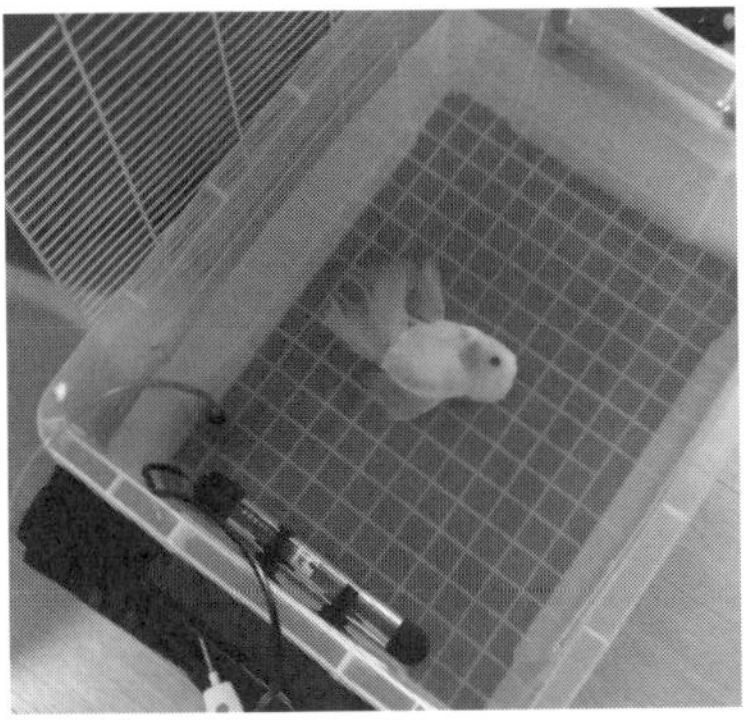

横倒しになる雪ちゃん

⑤ 少しでも生きる可能性があるのなら

お迎え34日～44日

折れる心に雪ちゃんが勇気をくれた

雪ちゃんに松かさ病が再発し、私はかなりショックを受けました。

お迎えして34日間、助けたい一心で私なりに手を尽くし、体も少しは改善していると思っていたのです。でも、結局、一周回って最初の位置に戻っただけでした。

全然よくなっていなかった。今までしたことはすべて無駄だったと、自分の力のなさに落ち込み、心が折れてしまいました。

水の中で倒れている雪ちゃんを見ると、もう何をしてもダメな気がしました。

この体で空港まで生きて行ける気がしないし、注射でよくなるとも限らない。

気落ちして、早く布団に入って眠りました。疲れきっていたのか横になった瞬間から記憶がありません。

翌日。

毎朝の習慣で、まず雪ちゃんの様子を見に行きました。

水底に沈んでいましたが、私を見て背びれが突然、ピンと立ちました。

この子は嬉しいことがあると、背びれを大きく立てるのです。

こんなに病気だらけなのに、会えて嬉しいって言ってくれるの？

私が起きてくるのを待っていたんだね。私も、雪ちゃんに会えて嬉しいよ。

小さい金魚は泳ぐのもままならないのに、喜びを忘れていませんでした。

けなげに、無心に生きようとしていました。人間が勝手に諦《あきら》めたのです。

「雪ちゃんごめんね」

一瞬でも投げやりな気持ちになってしまったことを反省します。

雪ちゃんを裏切らないよ。なんとしても注射してもらい、生きて一緒に帰ろう。

そう決めると、いろいろと私がするべきことがあるのに気づきました。

先生に用意するものを聞くと、本来、魚の病院ではないので、水換えなどはできないとのこと。雪ちゃんは体から粘液をたくさん出しています。往復で4時間、車の振動が加わればもっと水を汚すでしょう。取り換え用の塩水の用意が必要です。

移送時に10ℓ入りのバケツに入れ、予備の塩水も10ℓぶん、作って持って行くことにしました

また雪ちゃんは、大きめの種類の金魚ですから、ただ塩水に入れただけでは、往復で水中の酸素を使いきってしまいます。そこで携帯用エアポンプを注文しました。

寄生虫と細菌を抑えて検査を待つ

前日は落ち込んで絶望してしまいましたが、雪ちゃん自身は、倒れても、いつの間にか自力で起き上がり、姿勢を立て直しています。

もっとよく観察することにしました。

そもそもどうして倒れているのか。どうも体が弱って倒れるのではなく、暴れた後に起き上がれなくなるようです。

雪ちゃんはときどき、突然狂ったように体をうねらせ、激しく旋回します。

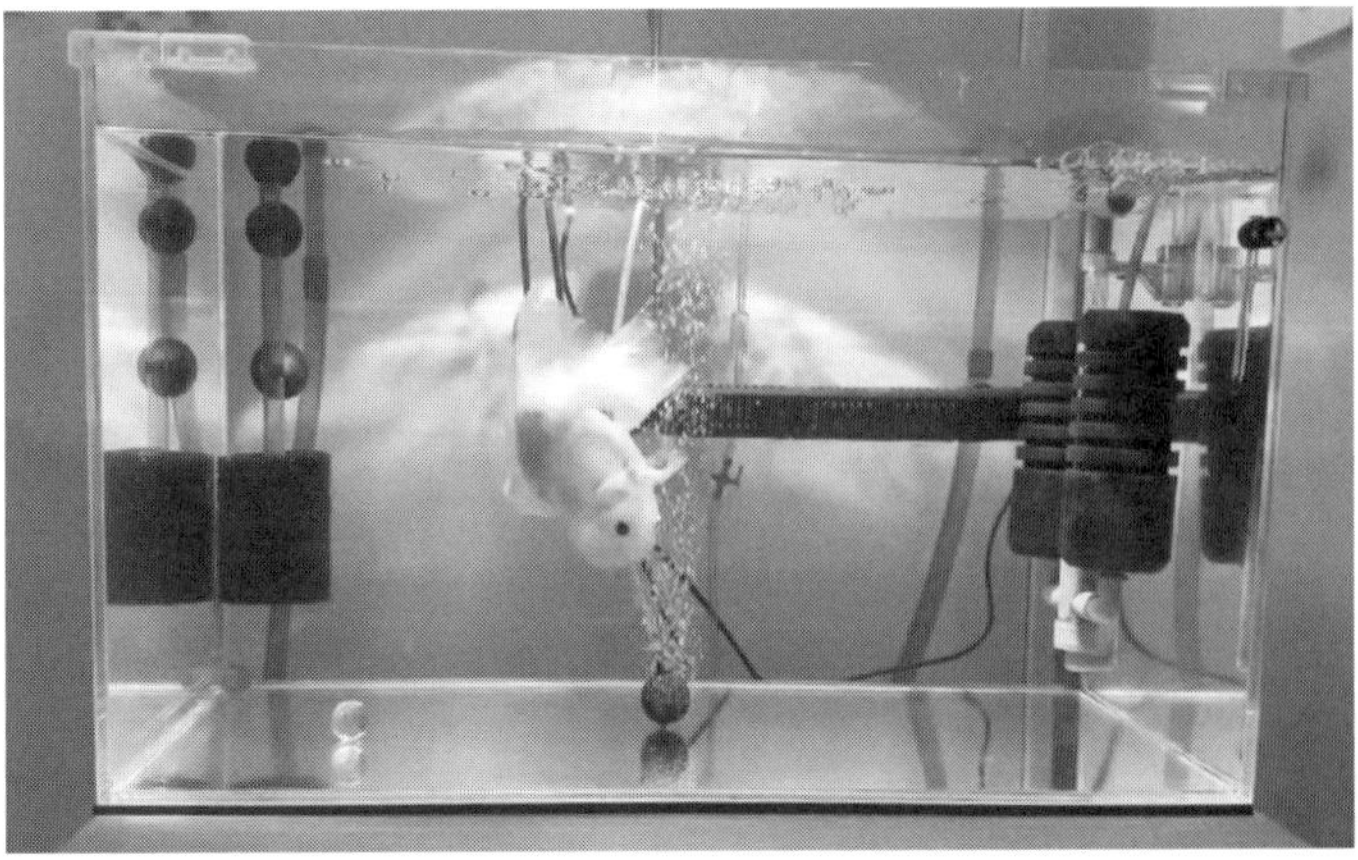
激しく体をうねらせたり、異常な泳ぎ方をするのも心配のひとつ

なぜ暴れるのか。体が痒いのか、神経系の発作なのかはわかりません。
でも、本当に死にかかった金魚は、こんな動きをする力もないはず。きっとまだ大丈夫です。寄生虫の増殖を防ぎ、松かさ病の進行を抑えられれば、あと6日間なら持ちこたえる気がしました。
そこで寄生虫対策に、手持ちのプラジカンテル製剤を受診日まで使うことにしました。この薬は抗生剤とは違い、魚に負担をかけずに、寄生虫だけを殺すとあります。今回の寄生虫には効果がないと言われましたが、繁殖を鈍らせるぐらいの効果はあるかもしれません。薬を測り、水の中に添加します。

また、水換えを増やして1日2回行いました。頻繁な水換えは寄生虫にダメージを与えますが、金魚の体も新しい水になじもうとするのでストレスになります。しかし、寄生虫が増えてエラに入り込んだら最悪です。

あと6日間。多少ストレスでも、新しい水に換え、とにかく寄生虫の繁殖を抑えることにしました。


雪ちゃんはときどき、水の中で横倒しになっています。目にするたびにギョッとするのですが、手で体に触れると、動き出すのでホッとします。

生と死の差はほんのわずか。紙一重であると痛感します。

ある夜、激しく回転する発作を起こし、横に倒れたままじっと動かなくなりました。

「雪ちゃん！　死んだらダメー！」

そばにいた6歳の娘が泣き出しました。

あわてて手を伸ばし、金魚に触れます。雪ちゃんはわれに返ったように動きだしました。

生きていました。

この発作のような症状は何だろう。先生に見てもらおうと動画に収めます。

受診当日の厳しい選択

そうこうするうちに、ついに診察の日がやってきました。

朝早くから出発の準備をしていると、キム先生から電話がかかってきました。まさかキャンセル？　嫌な予感に手が震えましたが、そうではありませんでした。

「今日、来られるということで、出発される前に、お話ししておかなければいけないことがあります。

こちらで検査と注射をするというお話をしました。

金魚の治療をされたことのある方なので、きっとわかると思うのですが、注射には、ある程度強い薬を使います。金魚が薬の強さに耐えられず、そのまま死んでしまう場合もあります。

こちらに向かうときには生きていた金魚が、帰りは死体を持って帰ることになるかもしれません。出発なさる前に、もう一度よく考えて、覚悟を決めてください」

「!!」

どうして考えつかなかったのか……。

薬浴ですら危険があるというのに。注射ならその何倍も効力が強いでしょう。

準備をしている夫に話しました。

「今、先生から電話が来たんだけど……。とりあえず、行けば寄生虫の検査をして注射もしてくれるんだけど。この子がもともと力のない状態の子だから……もしかするとその薬が強くて、それで、そこで……。

死ぬかもしれないって……。

もしそこで注射を打って死んだら……死体を持って家に帰ることになるって」

「ダメだよ、注射打って死んだらダメだよ。かわいそうでしょ」

「でも、もし注射を打ってよくなったら?

どうしよう……。

注射で死んだら、あまりに悲しい。でも、打たなくて死んでもあまりに悲しい……。どうしたらいいかわからない」

もしこのまま私が一生懸命看病すれば、あと1カ月ぐらいはもちこたえる気がします。でも間違いなく、長くは生きられません。よく言えば、お家で家族にみとられて静かな最期を迎えられる。でもそれは、助かる道を諦めて死に向かわせることです。注射を打って成功すれば、唯一生き残る道を選べたということです。でも、失敗したら、実験的な治療で残りの寿命まで奪ったことになります。

何が正しい選択かわかりません。とても決められない。それでも私が決めるしかありません。

水底でじっとしている雪ちゃんに目をやります。何を思っているでしょうか。出発の時間が近づきます。

●希望を持つ勇気

どれだけ悩んでも正解はわかりません。私は最後は、ただ希望にしがみつきました。注射を打ちに行くことにしたのです。

雪ちゃんはおそらく生まれてまだ1年ちょっと。ローズテール・オランダの平均寿命は5、6年。半分も生きていません。可能性が少しでもあるなら、やってみよう。生きている雪ちゃんを見るのは、今日が最後かもしれません。

奇跡を信じてみます。

バケツにビニールを敷き、塩水と雪ちゃん、エアポンプを入れ、こぼれないようにビニールの口を縛って車に積みました。

正体不明の白い粘液状のモヤモヤも、先生に見てもらうためケースに収め、予備の塩水を積んで出発します。

雪ちゃんのバケツは、助手席の私の足の間に置き、車の振動を抑えるためしっかりと足で挟んで固定しながら移動しました。

雪ちゃんを仁川空港に隣接する検疫所へ運ぶ

時間がたつほどに水温が下がるので、車のエアコンをかけるのをやめ、窓を開けました。猛暑の重い空気に、運転する夫も私も額に汗が浮かびます。

空港へ続く巨大な仁川大橋が見えた時、ようやくほんの少し安堵しました。先生のもとへつないでくれるこの橋が、これほど頼もしく見えたことはありません。

空港に隣接する検疫所に進入します。立ち入り禁止区域なので、入口で登録をし面会部署の確認を取った上で通行許可をもらいます。

広い倉庫街のような、施設群の前を大型

コンテナ車がたえず行き交う中、車で注意深く進みます。流通を許可された生物が、ここから広く国内に渡っていくのでしょう。目指す建物に着いたようです。

検疫室に入ると、これまで連絡をくれていたキム先生のほかに、数名の白衣の先生がいました。指揮をとるのは、女性所長のジン先生とのことです。

動画の撮影とYouTube公開の許可を得ようとしたところ、先生たちからも、研究データとして保存したいので動画を送ってほしい、また研究発表などで自由に使用できる許可がほしいと、逆に頼まれてしまいました。

もちろん承諾し、どこかの発表で雪ちゃんが現れるかもしれないと思うと、ちょっと心が和《なご》みました。

ジン先生が、先生方に指示を出しながら、診察を始めました。

雪ちゃんを水から引き揚げ、いろいろな部位の表皮や粘膜を金属で削るように採取すると、顕微鏡で綿密に調べています。

20分ほど顕微鏡をのぞき込んだあと、再びバケツから雪ちゃんをすくい上げ、エラをガバッと開いて、その中を丁寧に診ていました。

そしてジン先生から、予想外の結果が告げられます。

「雪ちゃんには寄生虫は1匹もいません。それに関しては大丈夫です」

顕微鏡で見かけて以来、寄生虫を元凶だと思っていたので、あっけに取られました。絨毛虫がいるということでしたが、プラジカンテルが効いたのか、水換えの効果か、この日までに消えてしまったらしいのです。

そして持ってきた白いモヤモヤした物体は、水中に漂うカビが集まったもので、取り除いたほうがいいが、直接悪さをしているものではないとのことでした。

先生は、採取した雪ちゃんの粘液を、顕微鏡で私に見せました。

「ごく小さなゴミのように散らばって見えるものがありますね。これらはすべて細菌です。この金魚は細菌感染がかなり深刻な状態です。

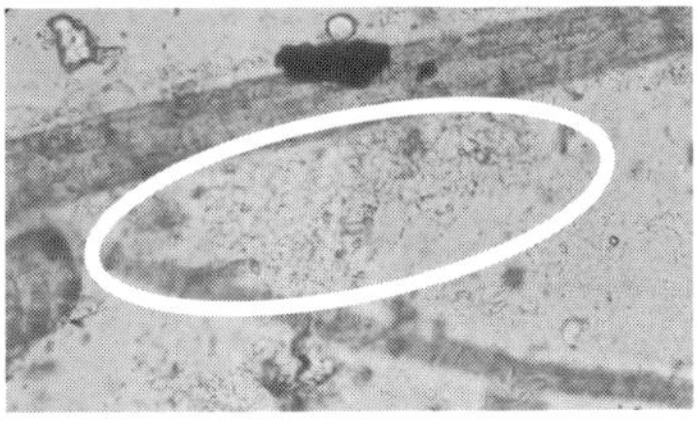

雪ちゃんについた大量の細菌

今まで薬浴をいろいろとされたようですが、それでもこれだけ細菌がついているところを見ると、免疫や体力自体が全くないように思います」

と言われました。

「それでも移動に耐えて、今もこれだけ姿勢を保っているところを見ると、手遅れではなさそうです。本当にダメそうな子には注射を勧めませんが、この子なら大丈夫だと思います。

金魚の場合、やはりそのまま逝《い》ってしまうケースが多いのは事実です。これから麻酔をかけて注射をしようと思いますが、いいですか」

と最後の確認をされました。

もう心は決まっています。

「お願いします」と答えました。

金魚に注射を打ってもらう

先生方が麻酔の準備を始めます。小さなバケツの水に麻酔薬の粉を溶かし、雪ちゃんを沈め、そのまま意識がなくなるのを待ちます。

何が起こるかわかりません。先生たちはじっと雪ちゃんを見守ります。沈黙の中、だんだんと緊張感が高まり、痛いほどになってきました。専門家でも、注射を無事にすませられるかどうかは、やってみないとわからないのだと痛感します。

1分ほどして、バケツの中で雪ちゃんが完全に動かなくなりました。

すぐにジン先生は片手で引き揚げ、背びれの付け根をガーゼで拭いて消毒すると、細い注射針を突き立てました。薬液は抗生物質です。

1秒、2秒、……息を止めて雪ちゃんの注射を見つめます。

先生は注射器の押子《おしこ》を押し切ると、圧迫止血をし、雪ちゃんを運搬用のバケツに戻します。

注射が終わりました。水から出して1分ほどでしたが、長い時間でした。

ほっとしたのも束の間、何も言わずに2本目の注射器が出てきました。

「えっ、2本目!?」

1本目でも衝撃だったのに、なんということでしょう。

注射針は雪ちゃんのぷっくりしたお腹の中央、側線の下あたりにプスリと刺されました。

注射液が全部入り終わるまで、誰もが息を殺して見つめていました。エアポンプのモーター音だけが耳に入ります。

2本目の注射も終わりました。雪ちゃんがバケツに戻されたところで、ようやく空気が、少し緩みました。

ジン先生は、水の中で動かない雪ちゃんにじっと手を添え、何かを感じ取ろうとしながら、意識が戻るのを待っていました。目を覚ますか、そのまま死んでしまうかの分かれ道です。

室内は、再び緊張感に包まれました。

先生に促されてバケツをのぞき込むと、雪ちゃんが小さな胸びれをパタパタはためかせていました。麻酔から目覚めたのです。

死ななかった。よかった。

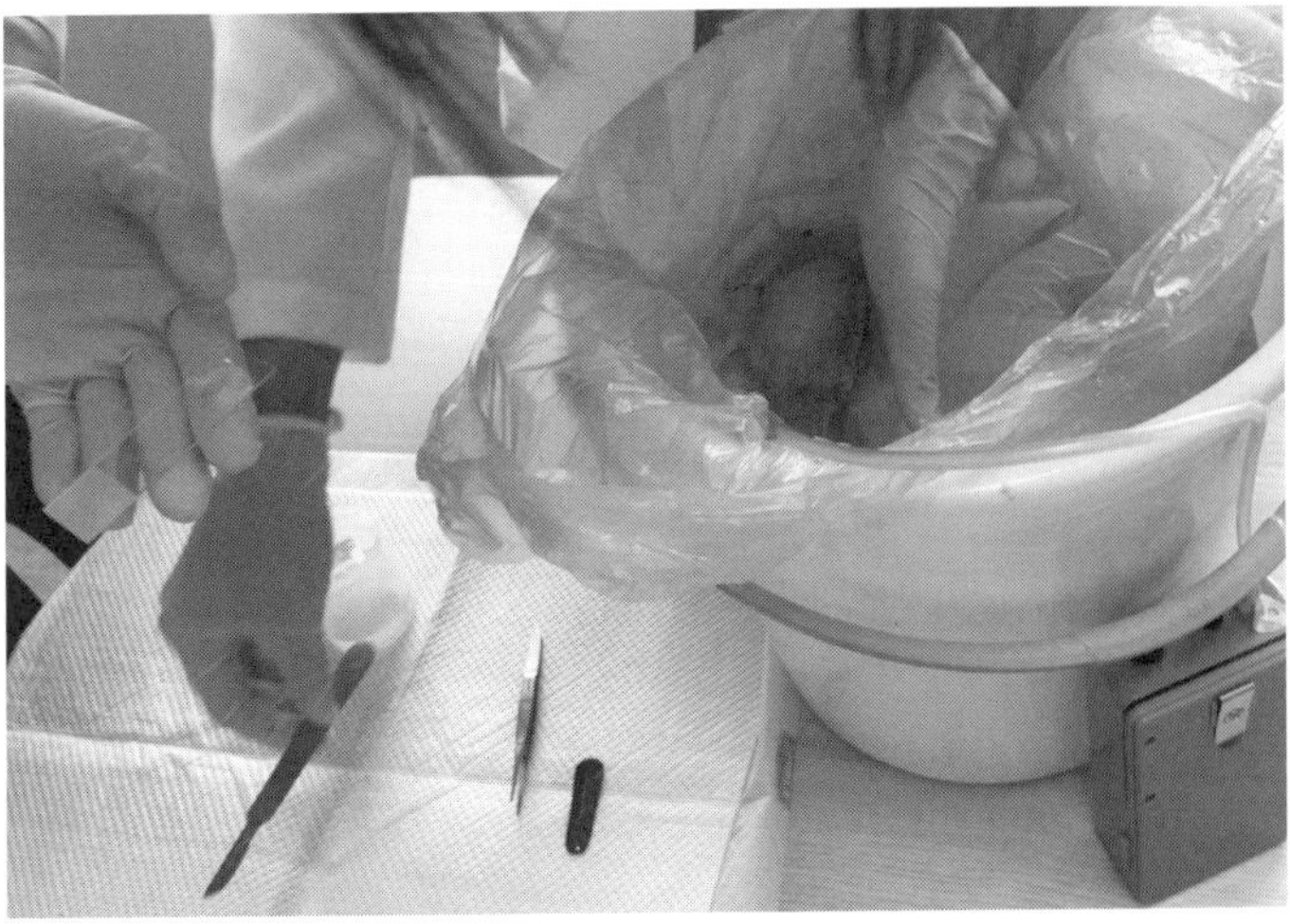

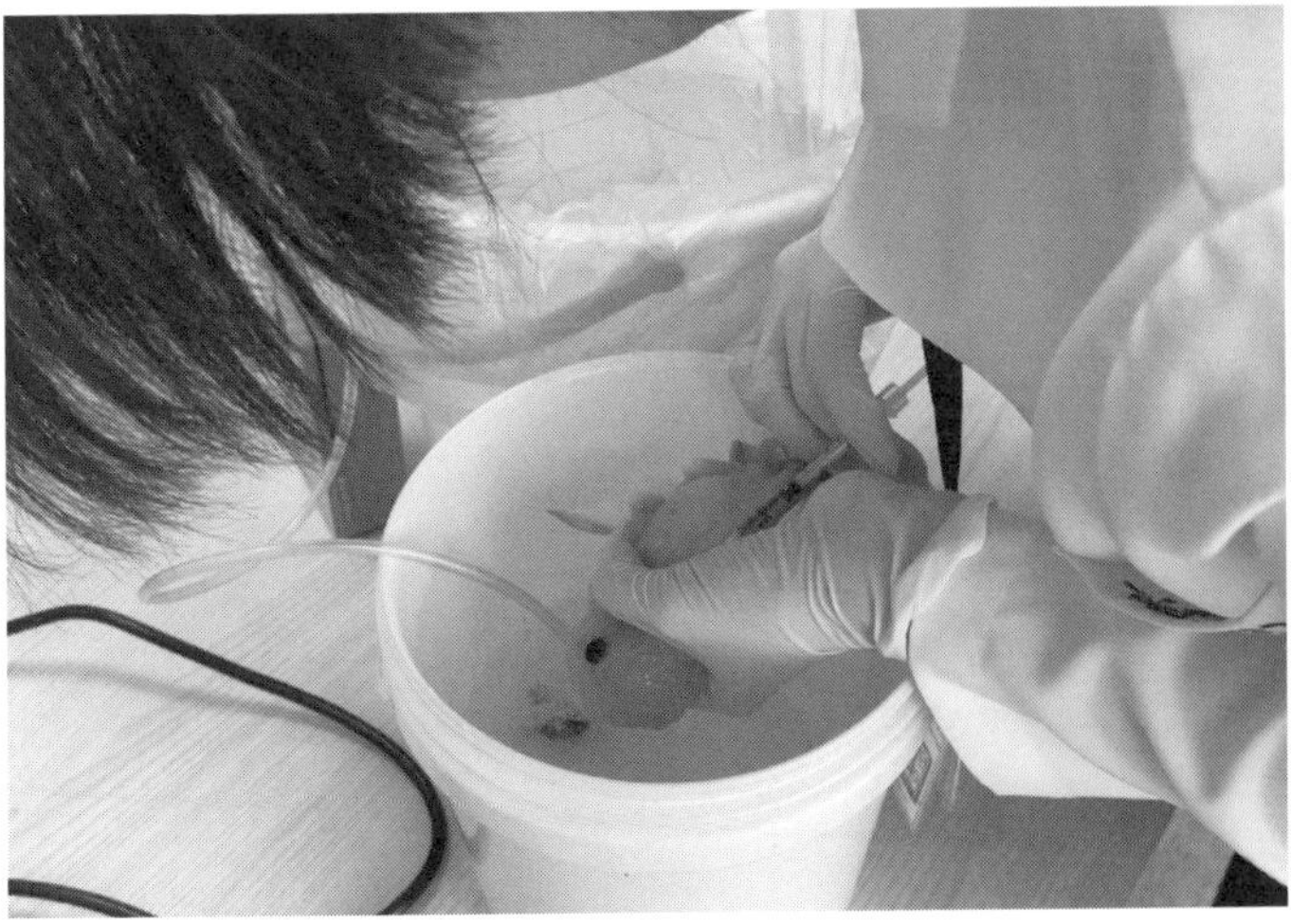

先生による検査と注射

薬を打たれたせいで、ひれが真っ赤に充血し、痛々しい姿になっています。それでも生きて帰れます。涙がにじみました。

多くの偶然が重なって

注射から4時間後。わが家に連れ帰った雪ちゃんは、復活しました。

注射針の痕は目でもわかるほどくっきりと赤く、いかにも痛そうですが、驚くほど活発に泳ぎ出しました。私を見て大きな口をパクパクさせています。お腹がすいたと、一生懸命訴えているのです。

でも、病院を出る時に、先生方と約束したことがありました。

餌を消化するエネルギーを節約して体力を回復させるため、1週間、絶食させること。

水換えも、金魚が体力を消耗するので、1日1回まで。

水温は30℃をキープすること。30℃を超えると水中の細菌類は動きが弱まり、金魚は逆に免疫力が上がるそうです。

尾腐れ病は高水温で悪化するという説の真偽を聞くと、それはないと言われました。

雪ちゃんの発作は、寄生虫感染の症状と似ているが、寄生虫が検出されなかったので、細菌感染による異常が疑われる、この注射でそれが収まれば、快方に向かうかもしれないと言われ、経過を見ることにしました。

治療費は、診察、注射、家で使う薬も出してもらって合計4万ウォン（約4千円）でした。先生方は、忙しい仕事の合間に手を貸してくださる、いわばボランティア活動で、本当に実費しか受け取られませんでした。

韓国では水産疾病管理士《すいさんしっぺい》という国家資格があり、今回の先生はその中でも指導員レベルの経験豊富な方々だったようです。

実は私は以前にも、離れた町の同じ資格を持つ先生に会い、金魚を助けてほしいと頼んだことがあります。しかし、薬を処方してくれるのが精一杯で、これで治らなければ諦めてください、と言われてきました。

注射をしてくれる先生がいるなんて、思いもしませんでした。注射で死ぬリスクを負いながら治療してくださったことに、感謝の念でいっぱいです。

ここまでこられたのは、さまざまな偶然と好意が、奇跡のように重なったからに違いありません。

翌日の雪ちゃんは、どう見ても元気で、しきりに餌をほしがっています。

でも、あげられません。

翌日も、口をパクパクさせて一生懸命にお腹がすいたとアピールしますが、ダメです。

「ゴハンかい？　ゴハンはダメなんだって」

雪ちゃんの丸い口から「ゴハン！　ゴハン！　ゴハン！」の連呼が聞こえてくるようです。かわいそうですが、心を鬼にしました。

「先生がそう言ってたからダメなんだ。ごめんね」

雪ちゃんはすねて、「ひどいよ……」と言わんばかりにプイッとお尻を向けました。

私と目も合わせてくれません。


注射後3日目。

キム先生から様子をたずねる電話があり、とても元気にしていると伝えると、喜ん

でくださり、

「今日から3日間、抗生剤の薬浴を行ってください」

と言われました。

え！　今日から薬浴？

注射で終わりではありませんでした。感染症がひどいので、もっと治療が必要。ここできっちり治さないと、くり返してしまうとのことでした。


雪ちゃんと出会って44日目。

この日から完治に向けての治療が始まることとなりました。

もう山場は越えている。雪ちゃんは以前のような活発さを取り戻しました。こうした治療も、きっとあと少しで終わるでしょう。

⑥ 完治を信じて一歩ずつ

お迎え44日〜58日

●注射の後も気は抜けない

注射で元気になったと喜んでいたのですが、先生から薬浴の指示が出てしまいました。正直に言うと、薬浴はやりたくないのです。これ以上、危険にさらしたくない。でも、しなければ、ぶり返す可能性が高いらしい。

気が進みませんが、先生の指示ですから、やるしかありません。

家で使うためにと、4種類の薬を出されていました。その中の抗生剤「フロルフェニコール」で、24時間の薬浴を3日間行います。

幸いこの薬とは相性がよく、無事に薬浴期間が終わりました。

注射、薬浴、そしてこの日で6日目になる絶食にも耐えて、雪ちゃんは頑張っています。

すぐにキム先生に、薬浴を終え無事であると報告しました。

先生は「頑張ってくれましたね」と雪ちゃんを褒《ほ》めてくれたのですが、「では今日から3日間、薬の内服を始めましょう」と言われました。

えっ！　内服治療ですか!?

まだ終わりませんでした。

今度は抗生剤「エンロフロキサシン」を3日間与えることになりました。

しかしともかく、絶食は解かれました。

さっそく食べさせてあげようと、餌に薬を染み込ませ、水槽に落とすと、雪ちゃんは駆け寄るがごとくです。

大きな口を開けてほおばり、嬉しくて嬉しくて、背びれがピンと立っています。6日ぶりの食事はさぞおいしいことでしょう。

翌日も、同じ餌を喜んで食べました。

その翌日、いよいよ薬餌の内服治療も最終日です。

朝起きて見ると、雪ちゃんの背びれがちぎれて出血していました。

ずっと気になっている、発作のような症状。

突然狂ったように体をよじらせ、暴れる症状が相変わらず治りません。

この発作で背びれをどこかにぶつけてケガをしたのでしょう。雪ちゃんのご自慢の背びれだったので、とてもショックです。

水中のヒーターにぶつけたのでしょうか。ヒーターの位置を、水面ギリギリにまで、高く設置しなおしました。

傷口から細菌が入らないか心配ですが、今ちょうど抗生剤入りの餌を食べているので、そこは大丈夫でしょう。

●雪ちゃんのわがまま

今日は最後の薬餌をあげる日です。しっかり食べて回復してもらいたいと、薬餌を水に落としました。

ところが雪ちゃんは、いそいそやってきて餌を口に含んだのに、ペッと吐き出してしまったのです。

「え！」

もう一度あげます。口をパクパクさせているので、食べたがってはいます。浮遊する餌を見つけていったん口に入れ、モグモグ噛《か》んでいるのですが、しばらくするとまた吐き出す。どういうわけか、昨日まで食べていた餌を食べなくなってしまいました。

ここにきて、そんなことあるだろうか？　もしやと思い、薬の入らない普通の餌を与えてみると、なんと喜んで食べるではありませんか。

「ボク、まずいゴハンは食べないの」とでも言うのでしょうか。

好き嫌いをするような子に育てた覚えはないのですが。雪ちゃんのわがままが始まりました。

それでも最初の2日間は薬入りを食べていたので、これで治療は終わってもいいのかもしれません。

先生に報告すると、先生の返事は、

「あー、抗生剤なので少し苦味があって、食べるのを嫌がる子もいますね。どうしても食べてくれないなら、しょうがないですね。代わりに今日から2日間、薬浴させましょう」

「……。」

厳しい。薬餌を食べなかった1日を、見逃してはもらえませんでした。これがプロの非情さでしょうか。

ともかく先生に従い、餌に含ませていたエンロフロキサシンを、今度は水に入れ薬浴水にします。ふだんの水と温度差がないようにしっかり合わせて、雪ちゃんを1時間入れました。

薬浴の2日間が過ぎました。雪ちゃんは何事もなかったように泳いでいます。

これで治療は、全て終了です。

先生に「あとは様子を見ながら真水に戻してください」と言われました。

翌日。薬の入らないおいしい餌をもらってご機嫌の雪ちゃん。ウロコは注射後もまだ少し開いていたのですが、完全に閉じました。

松かさ病が治ったのです。この難病を、2回も乗り越えてくれました。

雪ちゃんが元気になり、ドラマならここでハッピーエンドというところです。

でも——現実はもう少し厳しかったのです。

白い歯と星の雪ちゃん

病弱な雪ちゃんですが、成長もしています。

ある日、雪ちゃんの様子を撮影していたら、何かをプッと吐き出しました。それがこれです（78ページ写真）。

何だかわかりますか？　歯です。金魚には、口には歯がありませんが、ノドに「咽頭歯」という強い歯が生えているのです。

口をのぞいても見えませんから、歯があるなんて意外でしょう。金魚は胃がないので、餌を歯で十分にかみ砕き、直接、腸に送り込むのだそうです。

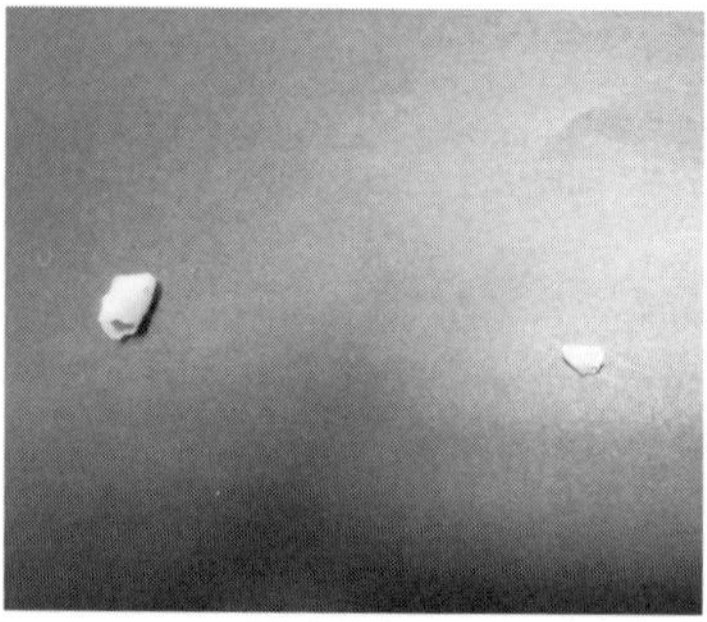
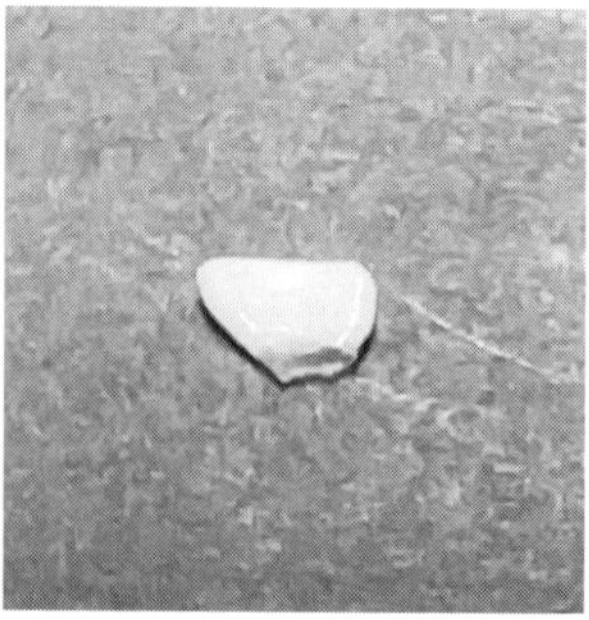

人間の乳歯（左）にそっくりな雪ちゃんの歯

偶然にもこの日、6歳の娘も初めて前歯が1本抜けました。ふたりそろって歯が抜けるなんて。面白いので見比べてみました。人間の前歯とそっくりです。

人間は、歯は1度しか生え変わりませんが、金魚の歯は何度も生え変わります。

子どもには、「大人になったね、おめでとう」と言えますが、金魚には？

やはり成長の証だと思います。体調が回復して代謝がよくなり、歯も生え変わったのかもしれません。だから、雪ちゃんも「おめでとう」。

もう一つ、成長を告げるものがありました。

胸びれと、顔のほっぺた（エラのふた）です。

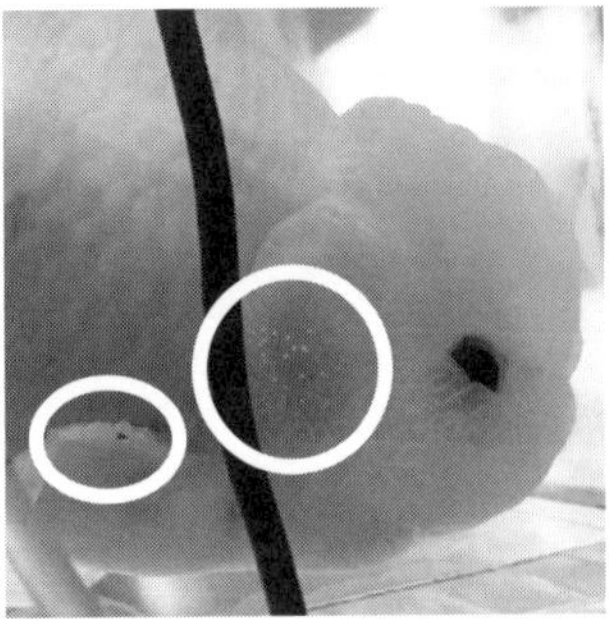

追い星

ある時、胸びれの軸の部分と、ほっぺたの辺りに白い小さな点が並んでいることに気づきました。

この小さなツブツブは、オスの金魚の発情期に現れる「追い星」と呼ばれるものです。水温が上がり、「春が来た」と思うと、金魚は発情し繁殖します。その時、オスだけに、エラぶたや胸びれに追い星が現れるのです。

追い星を見て、雪ちゃんは実は男の子だとわかりました。白くて愛嬌のある見た目から、「雪ちゃん」なんてお姫様みたいな名前をつけてしまいました。ごめんね。本当は「雪くん」「雪坊」だったんだね。

金魚がお腹をこわしたら

治療で元気になった雪ちゃん。これでひと安心と思い、しばらく平和に暮らしていました。

しかし、そのうち、いかにも調子の悪そうな白いフンをするようになりました。お腹をこわしたのです。

キム先生にメールしたのですが、忙しいのか夏休みに入ってしまったのか、返事がありません。

もともと全て、先生方の善意ひとつで行われたことです。これ以上、煩わせるのも申し訳なく、自分でできる限りのことをして、様子を見ようと思いました。

まず、餌の量をかなり減らしました。しかし、白いフンは止まりません。

そこで、しばらく絶食することにしました。ゴハンを食べたがる雪ちゃんを見ると心が痛みますが、腸を休ませ、中の悪いものを出しきります。

数日後。雪ちゃんはそれなりに元気でいますが、お腹は改善せず、粘液便、そして透明な膜に包まれた中身の詰まっていないフンを出すようになりました。

悪い状態が続き、少し焦りを感じてきました。

金魚がお腹をこわすことはよくあります。その場合は、

- ●水温を30℃に上げる
- ●0・5％の塩水に入れる
- ●絶食させる

この3つでだいたいすぐに治ってくれるものです。その効果も立証されています。

雪ちゃんにもやってみました。しかし、どれも効きめがありません。

雪ちゃんのフンは日ごとに粘液化して、フンと呼べないものになってきました。これはまずい状態です。

あてはないけれども、他の先生を探してみようとパソコンに向かった時、待ち焦がれていたキム先生からのメールが届いているのに気づきました。メールをこんなに嬉しいと思ったことはなかったでしょう。

先生「今も白いフンは続いていますか？
（最後の）抗生剤治療を終えてから、正確に何日経っていますか？」

私　「治療を終えて6日目です。相変わらず白いフンか、粘液のような便です」
先生「抗生剤を使ったので、腸内環境が破綻してしまったのでしょう。生菌製剤とバクテリア剤で、腸内細菌のバランスを整えてあげなくてはなりませんね」

生菌製剤とバクテリア剤？　何かと思って調べてみました。

腸の中には、ビフィズス菌や乳酸菌など、体によい作用をもたらす菌（善玉菌）が存在することはよく知られています。これらの菌は、生きているからこそ、整腸や免疫活性などの働きをしてくれます。

しかし酸素に弱い菌もあり、外から取り入れても腸に届く前に死ぬことがあります。生菌製剤とは、善玉菌が生きたまま腸に届く整腸剤のことでした。

一方、バクテリア剤のほうは、水を改善するバクテリアが入った水質調整剤のことでした。水槽の立ち上げや水換えの時に、水に入れるものです。

水中には魚のフンや餌の食べ残しなどが沈んでおり、それが腐るとアンモニア（有毒）が発生し、水が悪くなります。そこで金魚を飼う時は、水槽に濾過バクテリア（硝化菌）を定着させ、アンモニア↓亜硝酸↓硝酸（低毒）と分解させて（硝化作用）、最後に溜まる硝酸は水換えで取り除きます。このサイクルによって水質が保たれます。

先生「バクテリア剤は、家にあるものでかまいません。

生菌製剤は、魚用を使ってほしいのですが、こちらに在庫がありません。国内の水産疾病管理センターに在庫があるか聞いて、処方してもらうといいと思います。納豆菌の入った整腸剤がおすすめです」

納豆を作る納豆菌が、人間だけでなく魚の腸も整えてくれるとは。初めて知ることばかりです。

言われた通り、韓国語で「水産疾病管理センター」と打って検索すると――なんだ、知らなかった。そういう研究機関が、国内に結構あるではありませんか。さっそく家から近い順に電話をかけていきました。

●第二の恩人にめぐり合う

ところが、電話をしたものの、

「あー、うちは海洋研究なので、金魚はちょっと見られないです」

「うちは養殖魚なんです。観賞魚は他を当たってください」

と次々に断られました。

そうなのです。韓国の水産疾病管理センターとは、そもそも食用魚など水産生物の研究を行うための機関。儲けの少ない観賞魚の研究者は非常に少数だったのです。

不安になりましたが、電話をかけ続けて、なんとか金魚の生菌製剤を処方できるという先生にたどり着きました。

これが雪ちゃんの第二の恩人、A先生との出会いでした。

A先生は、

「申し訳ないけれど、私は明日の診察を最後に、しばらく夏休みに入るので、急ぎでしたら今日か明日中にお薬を取りに来てもらえますか」

と言われました。

私「では明日のお昼頃に行きます」

先生「そこからここはかなり遠いので、金魚は連れてこないでくださいね。金魚のフンと、状態がよくわかるように、動画を撮って持ってきてください」

A先生ありがとうございます。とうとう明日、雪ちゃんの整腸剤がもらえます。頑張れ雪ちゃん、絶対大丈夫。ママがなんとかするからね。

翌日は土曜日です。薬をもらうだけなので、夫がセンターまで行ってくれることになり、KTX（韓国高速鉄道Korea Train Express）に乗って出かけて行きました。以下は、夫から聞いた話です。

先生は単に薬を処方するのではなく、動画を詳しく調べてくれました。

先生「白いフンをする原因の多くが、腸内寄生虫であり、それに気づかず多くの鑑賞魚が死んでいます。薬で助けてあげられるのに、情報が広がらず残念です。

ただ、雪ちゃんの場合は、寄生虫はいないようです。フンの状態もそれほど悪くない。治ります。

抗生剤で腸内バランスが崩れたからでしょう。それに餌の量が足りていないようです。その場合も白いフンをすることがあるので、お渡しする整腸剤を混ぜて、たくさん食べさせてあげてください。

しかし、フンよりも、この子の細菌感染の状態が深刻です」

先生は動画を見て、すぐに気づきました。わずかにウロコが開いていたのです。三たび、松かさ病です。完治が難しく、何度も治ったと思わせては再発する病気。飼い主はこのしぶとさに打ちのめされるのです。

先生「もともとこのタイプの金魚は、免疫力が低く、細菌感染に弱いのです。注射やその後の治療は、私から見ても完璧なものでした。それにも拘《かか》わらずこの状態ということは、残念ですが、もうそう長くないかもしれません」

……。

黙って、夫が持ち帰った発砲スチロールの箱をあけました。

粉末整腸剤の詰まったボトル、そして注射器が何本も入っていました。

注射器？

夫に聞くと、先生はこう言って渡してくれたそうです。

「まさか天安からここまで来る人がいるとは思いませんでした。金魚を助けたい気持ちがよくわかりました。

本当にこれが最終手段です。ご自分で金魚に抗生剤を注射してください。

毎日、24時間おきに3日間です」


えっ！　私が打つの？

思いもよらない展開に、心底驚いてしまいました。

自分で金魚に注射するなんて、考えてみたこともない。


雪ちゃん……。

ママは雪ちゃんに注射をするのが怖い。でも雪ちゃんが死ぬのはもっと怖い。

雪ちゃんと出会って、この日で58日が経ちました。

何度も病気にかかる雪ちゃんに、注射を打ってまで生きてほしいと願うのは、私のわがままなのか。

どうしていいか、わからなくなってしまいました。

⑦ 金魚に注射を打てと言われたら

お迎え58日～72日

迫るデッドライン

夫が1日がかりでもらってきた薬と注射器を前にして、私は途方に暮れていました。

そういえば、夫は帰って「薬をもらってきたからもう大丈夫」と得意げに話をするかと思ったら、ずいぶん深刻な顔をしていました。いつもはお使いを頼んだら、手数料をもらうなどと冗談を言って笑わせてくれるのですが、逆にため息をついています。

「雪ちゃん、もう少しで死ぬかもって言われたよ」

下痢は整腸剤で治るが、感染症が深刻である。細菌を殺し、免疫機能を高めるには、自分で金魚に抗生剤を打つしかない、と先生はおっしゃるのです。

そして、まだ個人への販売はされていないが、治療成績がいいという注射薬を、特別に持たせてくれたそうです。

今は元気に見えても、薬を使わない限り悪化するので、早めに対処するようにとのことでした。

ジン先生たちでも注射の前に麻酔を使っていました。その麻酔もないまま、すばやく的確な場所に注射するなんて。

私は毎日、世話をしているのでわかります。雪ちゃんは思っているより大きくて、抵抗する力が強いのです。

麻酔をせずに注射を打てば、撥《は》ね回って大変なことになるに違いありません。押さえつけて無理に打てば、背骨がポキッと折れてしまうかも。内臓が破裂するかもしれません。

ジン先生に頼もうか。でも、よその先生にもらった薬だし、3日連続で空港まで通うのは、雪ちゃんの体力からしても現実的ではありません。

A先生も、信念を持った研究者と感じられたので、無責任に丸投げされたのではないとわかります。しかし、この日はどうしても注射を打てず、ひとまず整腸剤を飲ませて、白いフンを改善することにしました。

餌に整腸剤を混ぜお団子にします。

絶食後の久しぶりのゴハンに大興奮の雪ちゃん。どれほど食べたかったことか。

先生は代謝促進剤も渡してくれていました。水槽に注射器で薬液を落とします。

「そこじゃなくてもっと離れたところに落としたら」

同じく雪ちゃんを心配している夫が、そばからやたらと口を出します。

翌日。整腸剤の効果か、餌を食べたのがよかったのか、先生の言う通り白いフンを出さなくなりました。昨日までの不安が少し消えました。まだ本調子とは言えませんが、このままお腹はよくなっていくでしょう。

水換えのたびに代謝促進剤を入れながら、お腹の調子が治ったら、松かさ病も自然とよくなるかも——そんな期待が生まれました。

その後も注射を打てないまま、日が過ぎていきました。

雪ちゃんは元気いっぱい、まん丸な目を輝かせて喜んでゴハンを食べています。こんなにいい感じなのに、そう長くないだなんて、まさか。

毎日、このまま治るようにと願いを込めて、餌を作っては与えます。

整腸剤の内服を始めて5日目には、下痢が完全に治りました
雪ちゃんは、注射を打たなくても大丈夫じゃないだろうか。このまま治っちゃうんじゃないかな。


注射を打てないまま、7日目を迎えました。

雪ちゃんの体が丸くふっくらとしてきました。

もう否定できません。これは体に水が溜まってきた証拠です。上から見てもはっきりと曲線になっています。

このままでいいはずはない。わかっているのに受け入れることができません。

そんなのイヤだ。だってよく泳いでいるし、ゴハンもよく食べている。

気のせいかもしれない。

心では逃避だとわかりながらも、目の錯覚だと思い込もうとしました。

注射が打てない8日目。

……体がふくらんでいる。雪ちゃんが、泳げずにぐったりと横に倒れています。

先生の言う通りでした。あれほど元気そうだったのに、みるみる状態が悪くなってきました。病気が止まることはなかったのです。

先生からの注射液を冷蔵庫に入れたまま、9日目になりました。

わかっています。このまま放っておいても治るはずはありません。

夜、仕事から帰ってきた夫が冷蔵庫を開けて、「雪ちゃんの薬はどこ?」と探し始めました。

「あるよ、どうしたの?」と聞くと、

「エミコがやらないなら俺が注射するよ」と言い出しました。

「いやいやいや！　嘘でしょ？　それなら私がやるよ。だって元看護師だし」

夫のこのひと言で、ついに雪ちゃんに注射を打つ覚悟を決めました。

私は韓国に住む前の5年間、看護師として働いていました。元看護師なのにどうして注射できないのと言われるかもしれませんが、看護師だからこそ怖いのです。

薬でショックを起こしたら？　間違って動脈に刺したら？　神経を傷つけたら？　内臓に穴を開けてしまったら？

人体への注射でさえも、事故は起こりえるのです。失敗すれば、二度と雪ちゃんに会えなくなるかもしれません。

でも、やらない後悔よりやった後悔のほうがマシ、と思うしかありません。


雪ちゃんと出会って66日目。

私は生まれて初めて金魚に注射を打ちます。

まったく自信はありません。でも、どうしても元気になってほしいから――。

痛恨の1日目、不安の2日目、会心の3日目

不安と恐怖は消えませんが、注射器を握ったこともない夫に任せるよりは、ということでやむなく私がすることになりました。

どこにどのように打てばいいか、A先生は手元にあったリモコンを魚に見立てて説明し、夫はそれをスマホで録画していました。

金魚の心臓は頭の後ろの下にあります。心臓と動脈、静脈がつながる近くの筋肉に打てば、薬が血流に乗って全身に広がるとのことでした。

先生がペンを立ててみせたその位置に、45度の角度で注射を打つ。薬液量は0・05㎖、くれぐれも入れすぎないように注意するように。

下に黒いビニールをしき、金魚を置いて、頭を覆うと暴れにくい。

ネットで金魚の注射動画をアップした人がいたので、参考にするといい。

先生はいろいろなアドバイスを授けてくれました。

韓国語で「금붕어《クムブンオ》（金魚）주사《チュサ》（注射）」と検索すると、こんなジャンルにも先輩はいるもので、確かに自宅で金魚に注射をしている動画が出てきました。

これが唯一のお手本です。何度も見直しました。

水槽のそばで、黒いビニールをしき、注射器に薬液を注入しました。水槽の中には、これから何が起こるか知らない雪ちゃんが、ゆらゆらと泳いでいます。夫がそばでいろいろと声をかけてくれます。私も「麻酔もなく打ったら、痛くてすごく暴れるよね」「怖い〜。怖いよ」、次々に言葉を吐き出します。口を動かしていないと、緊張で体がこわばってくるのです。

いよいよです。崖から飛び落りる覚悟で

「가자《カジャ》（行こう）！」

勢いよく水槽に手を突っ込み、雪ちゃんをすくい上げました。激しくばたつく雪ちゃん。黒ビニールに置いて頭を包み、狙う位置に注射針を当てます。

雪ちゃんがおとなしくなりました。

注射針を刺し込もうとしますが、なぜか入りません。

「え？　入らないよ！」

手探りで周囲の刺せるところに無理にも刺し、なんとか注射をして引き抜くと、ウロコが針についていました。

「あっ！」

ウロコを引き抜いてしまった！

ギョッとしましたが早く水に戻さないと窒息死してしまう。注射痕を消毒ガーゼでぬぐい、すぐに雪ちゃんを水槽に戻しました。

雪ちゃんは手の中で、われに返ったようにもがき、水に入ると横倒しになりました。

「ごめんね！」

「大丈夫？」

夫と私は思わず声をかけ、手で正しい姿勢に戻しながら、この子を抱きしめてあげたくなりました。雪ちゃんには降ってわいたような災難だったでしょう。

水から出して戻すまで、約1分10秒かかっていました。その間、自分が息をした覚えがありません。おそらく夫も。

「ああウロコが取れちゃった。私がやったから。すごく難しい……」

雪ちゃんは水槽の隅でじっとしていました。

幸い注射のショックや副作用は見られませんでしたが、消耗しきっています。

30分後、雪ちゃんの体に赤い傷痕が表れていました。ウロコを引き抜いた場所から出血していたのです。

どうしよう。傷つけてしまった。こんなに血が出て、すごく痛いに違いない。

あれは生きた魚からウロコをブチッとはぎ取った感触だったんだ……。その時は夢中でしたが、記憶が後になってよみがえります。

注射の手技は完全に失敗です。傷口から二次感染を起こすかもしれません。

やっぱり注射は素人が打つものではない。あまりにもリスクが高すぎる。

泣きそうでした。でもあと2日、続けて打たなければなりません。

7 金魚に注射を打てと言われたら

自分が新人ナースだった頃を思い出してみました。

先輩や医師たちが、自分の腕を貸して、注射の練習をたくさんさせてくれました。うまく打てるようになるには、実技をくり返して体得するしかありません。だからみんな、痛みを我慢して協力してくれるのです。

近所のスーパーに行って、注射の練習台になりそうな魚を探しました。ウロコのついた魚はほとんどありませんでしたが、唯一、カレイが目に止まりました。

カレイを買ってきて、ウロコの向きを確かめ、注射を打ってみます。

ただ打つだけではウロコを突き通して、抜く時にまた引きちぎってしまいます。ウロコとウロコのわずかなすき間に挿し込むこと。針の入角度が肝心ですが、これが難しい。死んだ魚なら、体をたわませてウロコが持ち上がったすき間を狙えるのですが、相手は生きた魚です。なおかつ水の外ですから、きわめて短時間ですませないといけません。

カレイを手に、試行錯誤しながら針の入る角度を探ります。その感触を身に刻むように何度も練習し、明日の注射に備えました。

その夜は、雪ちゃんの出血した部分が気になって、何度も起きては見に行きました。

ごめんね。傷口からばい菌が入って、変な病気にかかったらどうしよう。

後悔と無事を祈ることで心がいっぱいでした。


注射2日目。

昨日、注射で出血した部分が、まだ真っ赤に目立っています。

私が失敗しても、それが誰かの役に立つかもしれません。動画で配信する時は、全てオープンにしようと、小学生の息子に一部始終を撮影するよう頼みました。

昨日と同様、水から出して雪ちゃんを黒ビニールの上に横たえます。

息子「なんで違うところに打つの？」

私　「同じ場所じゃダメなんだよ」

金魚にとって注射はケガをするのと同じ。穿刺《せんし》部分に炎症が起き、筋肉が固くなりますし、続けて同じ箇所を傷つけるのは避けたいことです。

昨日、カレイの練習で覚えた要領で、ウロコを避けて注射します。

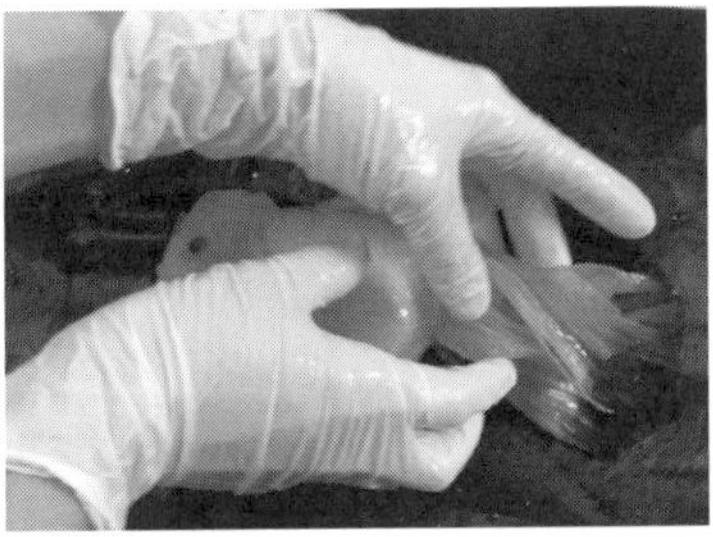

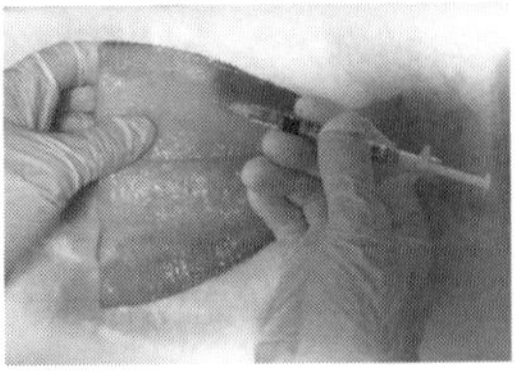

カレイで練習する

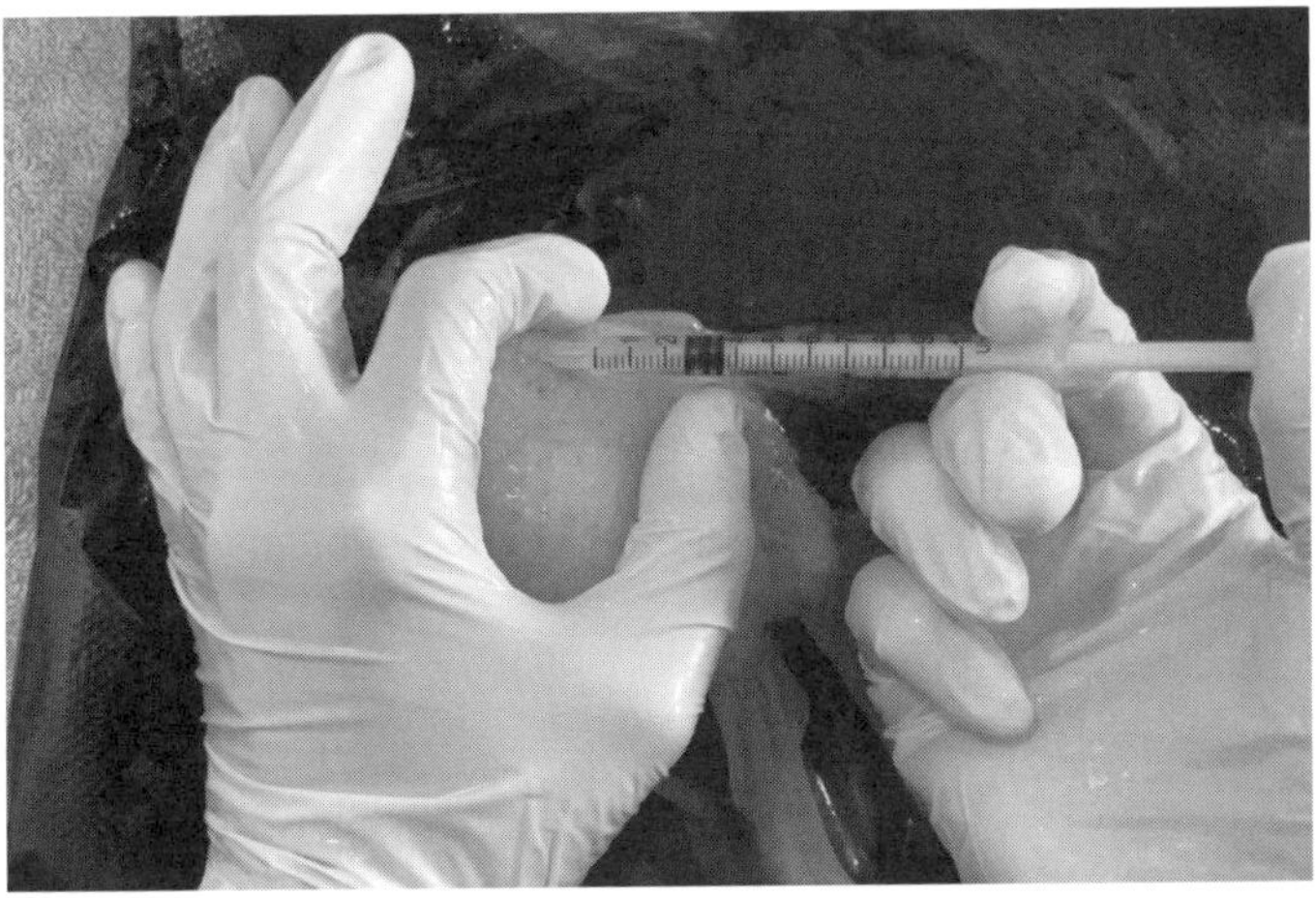

著者による注射

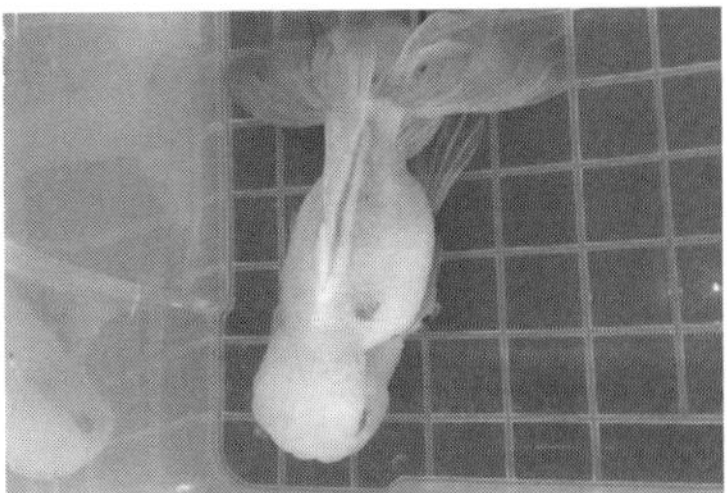

水の中に戻して、少しほっとしました。

今日はうまくいったかもしれない。ウロコは剥がさずにすみました。しかし、ウロコに気を取られ、針の刺し方が浅かったような気がします。筋肉まで薬液が届いたか微妙です……。


2時間後。うまく注射できたと思ったのですが、やっぱり出血してきました。注射のたびに、ものすごいストレスを与えているので、体から大量に粘液を出しており、水がすぐに濁ってきます。

ウロコの開き具合や、体のふくらみにはまだ何の変化もなく、ちゃんとできているのか、全く自信がありません。


注射3日目。

いよいよ最終日です。注射の痕《あと》が痛そうですが、雪ちゃんはこの日絶好調で、朝からずいぶん元気そうに泳いでいました。

水から出したあと、今日は右肩付近へ注射を打ちました。

少し慣れたのでしょうか。3日目にしてついに出血させることなく、しっかりと打った手ごたえがありました。

出血はなく、3日目は無事に終わりました。


次の日。

注射による血痕が目立たなくなり、開いていたウロコが少し閉じ気味に見えます。

希望が見せる淡い夢でしょうか。

しかしその翌日、夢はさらに明瞭になりました。ウロコが閉じて、ふっくらした体が少し締まってきたではありませんか。

3日間の注射の効果が出てきたようです。

ついに尾びれが再生を始める

もうひとつ、嬉しい変化がありました。

もう治らないと諦めていた、裂けた尾びれの先端が、再生し始めたのです。感染症で溶けたり破れたり、ボロボロになった雪ちゃんの尾びれ。その先端に、わずかですが、透明な部分が生まれていました。新しいヒレの誕生です。かわいそうなほどいろいろな治療をしてきましたが、生き物の生命力は、少しずつその結果を見せてくれています。本当に神秘です。

注射から3日後。

この日でA先生からもらった代謝促進剤を使いきりました。

雪ちゃんにはダルメシアンのような斑点がありますが、黒い色素が濃く出て目立つようになってきました。金魚は体調がいいと色が濃くなるとか。これも回復の表れでしょうか。

ぐったりとして、ほぼ沈んでいた雪ちゃんは、泳げるようになってきました。健康な金魚のようにスイスイと泳ぐことは、今後も難しいかもしれません。でも、ここまで回復したなら、もう十分です。

余命1週間と言われたのに、71日も生きている。

頑張ってくれてありがとう、雪ちゃん。

A先生に、雪ちゃんが元気になったことを電話で報告すると、とても喜んでくださり、金魚に注射を打つのは簡単なことじゃないのに、よくやってくれました、と労ってくれました。

話をしながら涙があふれ出し、心から感謝していると伝えると、これからは金魚と一緒に楽しく暮らしてくださいねと言われました。

⑧ その泳ぎ方は何のせい？

お迎え72日〜86日

恩人の先生たちとの再会

自宅で注射を打った数日後。

韓国で毎年開催される観賞魚博覧会（ＫＡＰＳ）に、家族そろって出かけていきました。第一の恩人、ジン先生とキム先生が参加しているのです。あらためて感謝の気持ちを伝えたいと思っていました。

博覧会には、国中から立派な金魚や錦鯉、熱帯魚などが集合します。品評会や来場者の人気投票もあり、ショップではめったにお目にかかれないような美しい観賞魚が展示されています。

気軽に買えそうな身近な金魚もたくさんいました。どの金魚も、天の配剤のようなちょっとした特徴を持っています。

体の模様でそう見えるのですが、赤いサンタさん帽をかぶったような子。お口の先にチョビ髭《ひげ》のある子。白いふわふわのおじいさん髭を持つ子。雪ちゃんによく似た白い金魚もいました。元気に泳いでいるのがほほえましい。

どれもほしくなってしまいますが、我慢我慢。雪ちゃんが完治していないので、まだ新しい金魚は迎えられません。来年の博覧会では、雪ちゃんのお嫁さんかお友達を連れて帰れたらいいなと、夢がふくらみます。

最新の水槽やレイアウトの展示、魚病薬コーナー、金魚すくいならぬメダカすくい（メダカブームで１匹が１０００円もします）などを回って、目指す鑑賞魚の相談ブースに近づきました。

専門家に無料相談できる機会がほとんどないため、大人気です。長蛇の列について順番を待ちます。

私の番が来ました。気づいた先生方は驚いて迎えてくれ、私は動画を取り出しまし

韓国の観賞魚博覧
会。優勝したレイア
ウト水槽の作品

海水魚の飼育は難し
いが、近年は一般家庭
でも楽しまれつつある

た。元気になった姿を見せたら喜んでくれると思ったのです。

しかし、ジン先生の反応は、予想とは違うものでした。

雪ちゃんは、元気は元気ですが、泳ぐ場所はもっぱら水槽の底近くです。

一瞬ふわっと体を浮かすことはできますが、お腹を底につけて沈んでいることが多いのです。

わが家に来た時からそうでした。ただ深刻な病状に気を取られて、ふだんの姿は、それほど重大には思っていませんでした。

でもジン先生は動画を見て、真っ先にその様子をおかしいと思ったらしく、「時々バランスを崩したような、変な泳ぎ方をしませんか」と尋ねました。

その通りです。雪ちゃんは、以前よりも発作的な旋回《せんかい》や痙攣《けいれん》をしなくなったのですが、泳ぎながら左右に大きく傾いたり、目ざす餌に向かってまっすぐ進めなかったりします。

そう答えるとジン先生は、キム先生を呼んで2人で動画を見始めました。「うーん……」と、困ったような表情です。ジン先生が言いました。

「腹水が溜まっているのかもしれません。それでお腹が重くいつも沈んでいる。泳ぐと、お腹の中の水が左右に揺れるので、バランスが取れずにおかしな泳ぎになることがあります。

針を刺して水を抜くこともできますが、内臓を傷つけるリスクがある。

金魚は腹水が溜まっていても致命的ではなく、そのまま1年生きることも可能なので、元気ならこのまま様子を見るのがいいと思います。

少しでも腹水を出すために、塩水浴をしてください。真水では腹水がひどくなる可能性があります」

もしまた状態が悪くなったら、もちろん見ますよと言ってくれました。

なんとなく重い足取りで帰宅しました。お留守番の雪ちゃんに話しかけます。

「雪ちゃんは腹水が溜まっているから、真水で飼うのは難しいんだって」

前から準備していた大きなガラス水槽に目をやります。

大型水槽では、真水の飼育しかできないと教わってきました。

この大きな水槽でのびのび泳ぐ日を思って、掃除と水換えを続けていたのですが、雪ちゃんがここで暮らすことはないのでしょう。

あまりにも高望みをしてしまったのかもしれません。

今後もずっと、小さい水槽で暮らさなきゃいけないいんだ。でも、雪ちゃんが生きていてくれるなら、それで十分と思わなくちゃ。

このまま治療用の小さなケースに、毎日塩を足して水換えをして、飼っていこうと心に決めました。

思いがけない提案

翌日の午後、キム先生から突然メールが届きました。

「実はあの後、スタッフと話したのですが、もう一度雪ちゃんを診察させてもらえないでしょうか」

「もちろんです！　また空港に行けばいいでしょうか」と返信すると、

「いえ、ちょうど2週間後に会議でそちらの近くに行きますので、ついでにスタッフと一緒に家に寄らせてもらいたいのですが」

まさかこんなことがあるなんて？　雪ちゃん、先生が家に来てくれるって！　近くで会議とはいえ、聞けばわが家からはやはり離れており、申し訳なく思いましたが、こんな機会は二度と望めない、とありがたくお受けしました。

往診日まであと12日という日、キム先生から、今の状態がわかる動画を送ってほしいと連絡がありました。

雪ちゃんは、相変わらずお腹を引きずるように泳ぎますが、少しだけ浮くこともできています。私から見るとかなり調子がいい。いやむしろ絶好調と言えます。

キム先生から連絡がありました。

先生「ずっとここで飼育しているのですか」

私「はい。60㎝の大型水槽も準備したのですが、体の調子が悪いので、20ℓの小さなケースで塩水飼育を続けています」

先生「塩水浴はいつからやっていますか」

私「家に来てからずっとです。2カ月以上になります」

先生「塩水浴を長く続けると、淡水魚はいろいろな調節機能が悪くなってしまいます。体の粘膜が薄くなり、ホルモンの分泌も衰えます。

それから体のサイズに対して、かなり低い水位で長く飼育しているので、体を動かして泳ぐことが、できなくなっている可能性もあります。

すぐに塩水浴をやめて、大きな水槽に移してみてください」


なんということでしょう。体に悪いと思ってずっと我慢していたことを、あっさりくつがえす先生。

これからは大きな場所で、真水飼育です。了解はしたものの、さて、どうしよう。せっかく落ち着いているのに、環境を一気に変えるのは恐ろしい。

けれども、やるしかないかな。頑張ってみようね、雪ちゃん。


ということで、ついに大型水槽の出番が来ました。

金魚の免疫力を最大に発揮させるには、水温30℃がいいと言われ、60ℓの水を温めるヒーターを注文しました。

また、真水に慣らすため、毎日0・1％ずつ、飼育水の塩分濃度を下げていきました。

前から気になることがあったので、先生に訊ねてみました。

「雪ちゃんは、最初の危機を乗り越えたあたりから、ゴハンの時間や家族が近づいたりすると、グルングルンとでんぐり返しをするようになりました。

嬉しいこと、興奮する出来事があると、グルグル回るようなのですが」

先生から、それは異常遊泳と呼ぶよくない症状だと言われました。

新しい住まいへ

往診の8日前、ついに飼育水の塩分濃度はゼロになり、明日にも引越せる状態になりました。

金魚にとって引越しは大きなストレスです。それを最小にするには、金魚よりも先に水のお引越しをすること、というのが先生のアドバイスです。今までの飼育水を大量に、新しい水槽の水に混ぜ入れます。水質を近づけて、雪ちゃんを新しい水槽に移し替えました。

何が起きたのかと驚いて、跳ねて暴れる雪ちゃん。しばらくすると鎮まりましたが、この水槽でもやはり底に沈んで、じっと動かなくなりました。

のびのびと泳ぐどころか、見知らぬ環境の中、極度の緊張状態におちいったように固まっています。元気な時にはピンと立つ背びれが、すっかりたたまれ、尾びれも力なく垂《た》れ下がってしまいました。知らない場所が怖いのでしょうか。

今日はゆっくり休めるようにと、水槽の半分だけ布をかけて、外から姿を隠せる場所を作りました。

先生から「砂利や砂を入れると、金魚は落ち着いて、環境に適応しやすくなる」と聞いたので、なじみの熱帯魚カフェに砂利を買いに出かけました。

いつもお腹を底につけて沈んでいる雪ちゃんですから、体に当たっても痛くない底材を選ばなくてはなりません。

熱帯魚カフェには、それは素敵な大型水槽のディスプレイがありました。形のいい水草や大小の石、ピンク色の砂利が、中にいる金魚を引き立てていました。淡いサンゴ色をした金魚が2匹、夢みるように泳いでいます。


不意に、胸に何かがこみ上げてきました。

こんなふうに、雪ちゃんだって病気とは無縁でいられたかもしれないのに。注射も打たれず、苦い薬も飲まされず、隔離されてひとりぼっちになることもなかった。きれいな水草の間を思いきり泳いで遊ぶ、楽しい日が続いたはずなのに。

この素敵な水槽にあやかりたかったのか、同じ砂利を買っていました。

急いで家に帰り、砂利をよく洗って水底に敷きます。


その夜。水槽から、カチャッ、カチャッと聞きなれない音がしました。

水槽にかぶせた布のすき間からのぞくと、娘が雪ちゃんのために入れた小さなプラスチックのボールを、口でつついて遊ぶ雪ちゃんの姿が見えました。ボールと砂利が触れて音を立てています。自分でボールを動かせるのが面白いのか、楽しそうにくり返し、やがてそのそばで眠ってしまいました。

先生が来られるまでの6日間。雪ちゃんはこの透明なボールがとても気に入って、毎日遊んでいます。ボールのおかげで新しい環境に慣れ、水草もつついて遊ぶようになりました。

ただ、だんだん尾や尻びれ、お腹に充血の症状が目につくようになりました。日ごとに赤みが増しています。

心配ですが、幸いもうすぐ先生が来てくれます。

そしてとうとう先生の訪問日がやってきました。

⑨ 泳げない金魚に起こった奇跡

お迎え86日〜100日

3人の救世主が現れた

9月のまだまだ暑い日に、3人の専門家がわが家を訪れました。ジン先生、キム先生と、初めてお会いするチェ先生でした。

先生方は水槽の底で、たゆたっている雪ちゃんを観察しながら、あれこれとカンファレンスをしています。やがて検討を終えると、こう告げられました。

「この子の問題は腹水ではなく、浮き袋だと思います」

先生が注目したのが、この姿（次ページ）です。頭は下がり、尾びれの付け根は逆に高く持ち上がった斜めの姿勢。いつも長い尾びれがあたりをゆらめいているので気

頭が下がり、逆にお尻が高い、雪ちゃんがよくするポーズ

づきにくいのですが、雪ちゃんは確かに時々、こんな姿勢をしています。そのバランスの悪さは、体の異常を示すものでした。

これは魚の体内にある2つの浮き袋、特に後方の浮き袋の浮力調整機能が、うまく働いていない時に見られる症状だと先生は言います。

その時、雪ちゃんは突然、先生方の目の前で、見事な前方1回転——頭からグルッとでんぐり返しを披露してみせました。

「この動きもやはり、浮き袋の障害からくるものです」と先生。

金魚は、ひれを動かさなくても、浮き袋をふくらませたりしぼめたりして、浮いたり沈んだり、水中を移動することができます。

しかし、その浮力調整ができないと、頭を下げた時に、尾の部分に浮力が集中して垂直になり、そのまま倒れてグルリと回転してしまう、と説明されました。

雪ちゃんがずっと、水中でバランスを取れずに苦労していた理由が、ようやくはっきりした気がしました。

先生「浮き袋に問題があると、普通はひっくり返って浮かんだり、単に上に浮いたままだったりします。それは体内の炎症や壊死が進んだ、非常に危ない状態です。でも、この子はそうじゃない。沈んで浮くことができないだけなので、今すぐ命に関わることはなさそうです。だから長く耐えてこられたのでしょう」
私 「完全によくなることはできるのでしょうか？ 水槽の底を離れ、真ん中で泳ぐ。そんな姿を夢見てしまうのですが……」
先生「完全に治すのは難しいと思います。ただ私たちが推測するのは細菌性疾患で、それが原因なら、抗生剤の治療でよくなるかもしれません。違う原因であれば、すっかり治るとは言えないかもしれませんが……」

浮き袋が機能しないと、浮力がないので体の重さに勝てず沈んでしまいます。雪ちゃんはこれだけ細菌に感染しているので、浮き袋に炎症が起こって機能低下を招いたのではないか。細菌を殺し炎症が治まれば、元の機能を取り戻せるかもしれない。これが短時間で先生たちが導き出した見解でした。

「麻酔をかけてまた注射を打つことになりますが、よろしいですか」

と聞かれ、処置のリスクの説明を受けて同意書にサインをしました。

6度めの注射へ

先生方は雪ちゃんの入ったバケツに薬を振り入れ、麻酔をかけました。

ここからは何度見ても緊張の連続です。処置を初めて見る幼い娘も、心配そうにそばをうろうろしています。

雪ちゃんが引き上げられ、テーブルに敷いたシートに横たえられました。

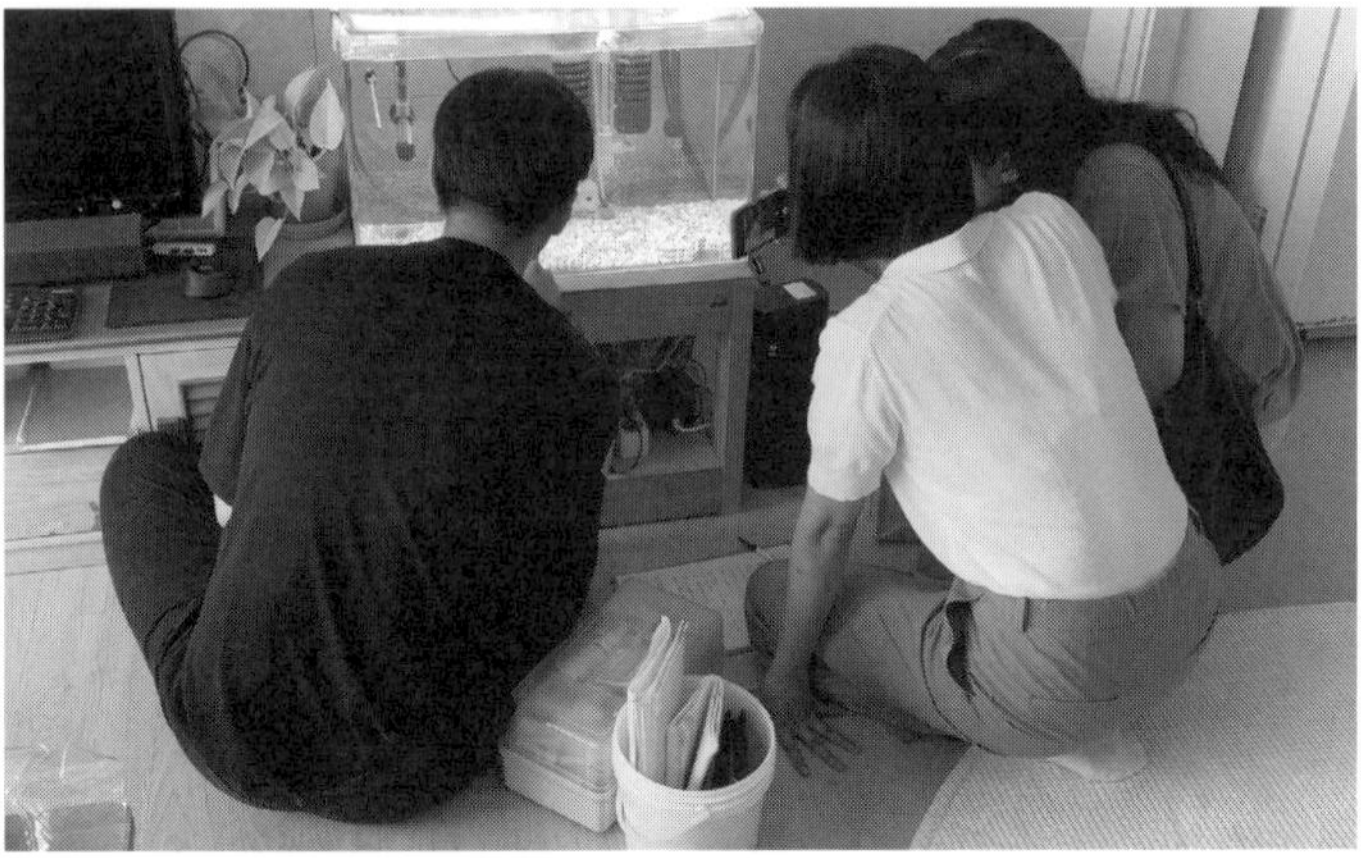

3人の先生がカンファレンスで病因を話し合う

一人の先生が太めの注射器を雪ちゃんの口にあてがい、もう一人が細い注射針を後方のふくらんだ腹部に打ち込みました。雪ちゃんにとっては、のべ6本目の注射です。雪針をいったん抜き、痕を押さえながら先生がつぶやきました。

「やっぱり浮袋の後室が大きいと思う」

続けて今日2本目の注射が、腹部に打たれました。筋肉が時々ピクつき、かろうじてまだ生きているとわかります。

注射後、出血が多いのか、しばらくガーゼで押さえられる雪ちゃん。早く無事に終わってほしいと、息をつめて見入るあまり、頭の奥がしびれてきました。

先生にとって金魚の注射がどれほど難しいかはわかりません。しかし、やはり綱渡りなのだという気がしました。

水に戻された雪ちゃんは、麻酔から目覚めて、そのまま底に沈んでいきました。

「この子は生きたいと思っているから」

「この子の状態がすごくよかったら、浮袋の後室の空気を抜いてあげるといいかもしれません。ただ、今は体力がない状態なので」と先生。

そんな方法もあるのかと思いながら、

「ここに来て3カ月経ちます。来年まで生きているだろうかって心配してるんです」

と言うと、先生はそれぞれに、

「よくなるんじゃないかって思いますよ」

「この子は生きようとする意思があるから」

「この状態でも、ゴハンを食べようとするのは、生きようとしてるからです」

そう励ましてくれました。

そう言えば先生たちに、今まで何度も聞かれたことがありました。

「雪ちゃんはゴハンをよく食べていますか？」

気づいていませんでした。

先生は、生き物が食べる姿に、懸命に生きようとする意思を見ていました。食べたい、とは、生きたいということ。だからこそ放っておけず、何とか助けてあげたいと思ってくれたのでしょう。


翌日から1カ月間、餌に混ぜて飲ませるようにと、先生から薬液の瓶《バイアル》を2種類渡されました。細菌を殺す抗生剤ではなく、炎症を抑える抗炎剤と栄養剤でした。

それぞれ1日に1回、0・02㎖ずつを餌に混ぜて飲ませ続けること。

また、注射痕が腫れないか気をつけて、何かあればすぐに連絡すること。念のために消毒液ポピドンヨードと、抗炎症剤トリアムシノロンアセトニドを含む軟膏（本来は口内炎用）を準備しておくように、との指示もありました（注射の痕はすぐに腫れてきたので、さっそく使うことになりました）。

そして実際に見たところ、水底の砂利で体が傷つく可能性があるのでやめたほうがよいと言われ、せっかく入れた砂利ですが、きれいさっぱり除くことになりました。

雪ちゃんの水槽は、また殺風景になりました。

こうしてあっという間に時が過ぎ、先生たちは会議に向かわれたのでした。

私はさっそく、薬を餌に注入する注射器を注文しました。26ゲージ針のついた医療用です。1度使った注射針を再びバイアルに差し込むと、細菌が混入するおそれがあるので、再使用はできません。毎日2本ずつ使い捨てるので、思いきって大量に注文しました。

準備を整えて、明日から薬餌の内服治療を始めます。

お迎え95日目に奇跡を見る

雪ちゃんはゴハンを食べるのがヘタです。

餌を入れると大喜びするのですが、思い通りに浮力を調節できず、なかなか目指す場所まで口を持っていけません。

食べたいよ、とパクパク口を伸ばしても、グルリと体が回転し、餌を見失っていることがよくあります。

薬餌は、探している間にどんどん水に溶け、薬液が浸み出していきます。確実に薬を飲ませるため、スポイトやお箸で、餌を1粒ずつ口元に運んで食べさせる介助を始めました。


先生が来られた後も、雪ちゃんに特別、変化はありません。相変わらずお腹を引きずり、胸ビレで水底を這っています。


注射から3日目。

朝は特に変わりがありませんでした。

ところが午後――。

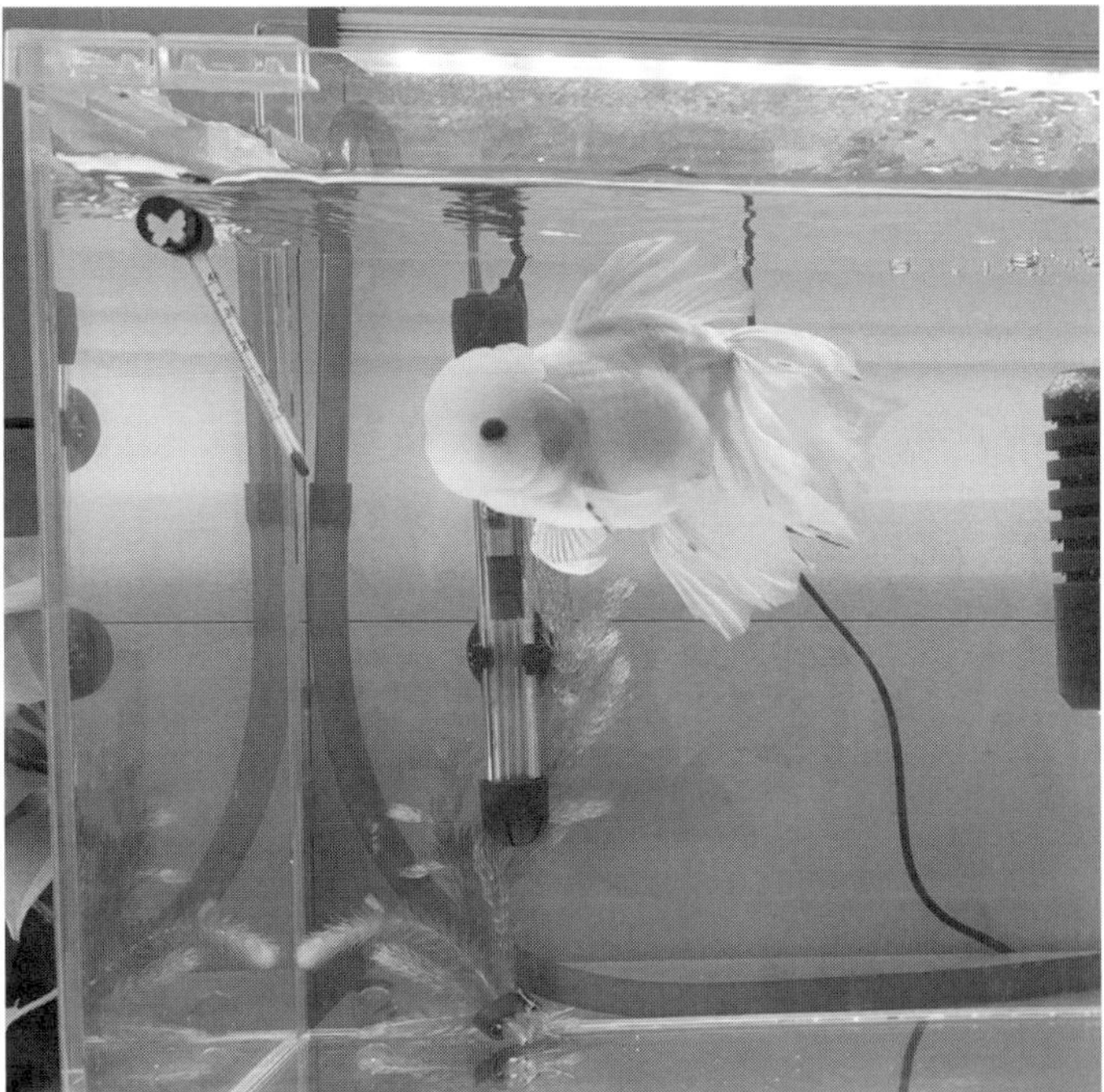

雪ちゃんは突然、底辺ではなく水槽の真ん中を泳いでいたのです。

目を疑いました。

今までの居どころとはまったく違う高さにいます。

上部にあるスポンジフィルターをつついたり、水草をかじったりして、遊んでいました。


わが家に来て85日目。まだ上手にコントロールはできませんが、水槽の中央より高く泳ぐ雪ちゃんがいました。

販売店で初めて出会った時、スイスイ泳ぐ他の金魚たちの中、それを眺めるばかりで小さく沈んでいた雪ちゃん。

餌も食べられなかった雪ちゃん。

こんな奇跡が起こるなんて。

半信半疑でぼうっと見ていましたが、ハッとして先生に動画を送って報告しました。

先生方もとても喜んでくれました。

本当にありがたい。

何度もダメだ、生きられない、と思われた雪ちゃん。たぶん観賞魚としては、びりっかすの子なのでしょう。それなのに、雪ちゃんはなんという子だろう。

ずっと水の中央を泳いでいるわけではありません。でんぐり返しも続いているし、薬餌もお箸の助けがないと、すんなりとは食べられません。それでも泳ぎ方は、確実に改善を示しています。

先生から、追加で薬浴を行うよう連絡がありました。治療はまだ続きます。

わが家に来て、そろそろ90日目を迎えようとしていました。

名にし負うホワイト・ローズテール(白バラの尾びれ)

先生方はわが家で、雪ちゃんの粘膜やフンなども採取していました。持ち帰って試験し、最も効果のある抗生剤を特定して、今度こそ徹底的に治すのだと意気込まれていました。

各種の試験の結果、最適な抗生物質がわかった、魚病薬Gの成分なのでそれを使って1時間の薬浴を、今日から5日連続で行うようにと告げられました。


いつもの薬浴用バケツを取り出します。

雪ちゃんは薬浴や麻酔をすると、尾びれをはじめ白い体全体が充血します。

これは薬の副作用ではなくストレス反応で、普段と違う刺激には強烈なストレスを感じ、全身の血管が広がって真っ赤になるのだそうです。

ストレスに弱く、細菌炎症も起こしやすいデリケートな雪ちゃん。金魚は品種改良されればされるほど、繊細で弱くなりがちです。

薬浴は途中で何が起こるかわからないので、いつも怖いと思うのですが、それは金魚も同じなのか。バケツに入れるとそれだけで、雪ちゃんは死んだように動かなくなります。ただの水が入っているバケツでも、入れられた途端にバケツ＝薬浴と勘違いして、怖くて縮こまっているようなのです。ちょっとおかしいような、かわいそうな癖をつけてしまいました。

今回の薬浴でも、雪ちゃんは背びれまで真っ赤になりながら、ほとんど動かずじっと耐えていました。

痛々しい姿に目をそむけたくなります。でも、薬浴が終わるまで、呼吸を見ていなければなりません。呼吸と姿勢が保てなくなれば、すぐに中止です。

予定の時間がたった頃、雪ちゃんは全身は赤く、ぐったりと沈んでいました。元気になってきた金魚に、わざわざ試練を与えて弱らせているようにすら思えます。

これが連日ですから、私も生きた心地がしません。薬浴5日間は本当に長い。

しかし、治療の効果がついに現れてきました。

全身の赤みが徐々に薄まり、薬浴の最終日には、体が真っ白に変わりました。

気づけば体も成長していました。尾びれもひそかに再生を続け、家に来た時に比べて1センチも伸びています。これからもっと伸びるでしょう。いつかホワイト・ローズテール（白バラの尾びれ）の名にふさわしい、ベールのように華やかな尾びれが取り戻せるかもしれません。

雪ちゃんが家に来て、とうとう100日目を迎えました。

薬浴から解放されて、元気いっぱいです。水面近くまで浮かんで泳ぐこともあります。この頃はもっぱら水中のブクブク（エアストーン）を相手に戦う遊びに夢中です。

100日後の金魚は昔の姿を取り戻し、白く、美しく輝いていました。

何度もつらい治療を乗り越えて、今日まで生きてくれた雪ちゃん。

たくさんの奇跡を見せてくれてありがとう。

君が元気になったら行きたかったところ

私は今、ある場所へ向かっています。雪ちゃんを無料で譲ってくれた、観賞魚ショップの店長さんに会いに行くのです。

想像できなかったことが起きましたと、今の雪ちゃんの動画を見せてあげよう。きっと奇跡だと、喜んでくれるでしょう。

そして雪ちゃんの代金もお支払いするのです。

無料だったのは、鑑賞魚として価値がないから。死んだも同然と思われたから。

今の雪ちゃんは、ちゃんと値のつく立派な観賞魚になったんですよ。

だから価値に見合うお支払いをしますよ。

私ひとりでは、どうにもならなかった。今まで、治療してくれた先生方と、家族と、私の配信動画に目を留めた方たちが、ずっと力を与えてくれたからです。

その思いを無にしないように、雪ちゃんが幸せだと思って過ごす時間が1日でも長く続くように、しっかりお世話をするからね。

観賞魚ショップの看板が、見えてきました。

雪ちゃん、これからもずっと一緒に暮らしていこうね。

ショップの店長さんへ

コラム　雪ちゃんとおもちゃ

雪ちゃんが大きなガラス水槽に移った時、幼稚園児の娘がプラスチックのボールを入れたと書きましたが、正しくはビーズです。刺繍に使う小さなビーズではなく、直径2・5㎝の、表面をカットした多面体で、透明な球体に見えます。以前、このビーズで子供たちと工作をしました。テグス糸に通したビーズをつるし、太陽に照らすと、輝くビーズから虹のしずくのような光が広がるのでした。

突然大きなガラス水槽に入れられた雪ちゃんは、不安と混乱で動かなくなっていました。えらの動きも速く、目はギョロギョロとあたりを見回しています。

先生の助言で、緊張を和らげるため砂利を底に敷くと、砂利を口でつついて遊ぶような仕草を始めました。

それを見た娘が、「雪ちゃんにおもちゃあげないと！」と、部屋に走って行きました。娘が選んだおもちゃがこのビーズでした。

初めは、雪ちゃんは、興味を示しませんでした。でも娘は雪ちゃんの水槽がおしゃれになったと、それだけで大満足です。

その夜、雪ちゃんはビーズを口で水槽の角に追い詰めて、カチャカチャと音を立てていました。このビーズは雪ちゃんに打ってつけでした。ちょうどいい大きさで、まるで子どもがボール遊びをしているように見えるのです。

私には、金魚がボールを転がして遊ぶなんてと不思議な気がしました。

翌日、娘がまたビーズを持ってきました。「他の魚にもあげるの！」。

うちには雪ちゃんの水槽を含め4個の水槽があります。全部の水槽に、キラキラのビーズが沈むことになりました。

コラム 雪ちゃんのお留守番

韓国には名節《ミョンジョル》と呼ばれる伝統的な行事（祝日）があります。旧正月《ソルラル》、端午《タノ》、秋夕《チュソク》（日本のお盆にあたる）は、3大名節として特に重要で、家族や親戚が集まる大切な日です。

雪ちゃんがうちに来た年の秋夕は、9月末頃でした（旧暦では8月15日）。その時期に合わせ、家族で夫の実家に2泊3日の予定で出かけました。

雪ちゃんも元気になっていたし、金魚は餌がなくても1週間ぐらい生きられるらしいのです。雪ちゃんを残して外泊するのは初めてですが、大丈夫でしょう。

出発の朝、私たち家族は「雪ちゃん！　行ってくるね！　心配しないで遊んでてね」と声をかけ、朝に弱い雪ちゃんは、出発でバタバタする私たちを眠そうに眺め、のんびりあくびをしていました。

夫の実家では親族が集まり、皆で料理やユンノリ（韓国の伝統的すごろく）をしたりして、楽しくにぎやかに過ごしました。

秋夕の後、「ただいま〜！」と、帰宅してすぐに雪ちゃんに声を掛けます。

実は皆さんにご心配かけちゃいけないないなと、YouTubeでは、雪ちゃんはご機嫌でお留守番していたとお伝えしたのですが、本当はちょっと違うのです。

雪ちゃんはなんと2日前に出発した時とまったく同じ場所にいて、なんだか体がうっすら赤く、充血しているようでした。元気もなさそうに見えます。

「ゆ、雪ちゃん!?　具合悪いのかい!?　なんかちょっと変だよ!?」

雪ちゃんは、うつろな表情で、目だけ動かして私たちをじろっと見るのでした。あわて

雪ちゃんのお留守番

て水槽のライトをつけ、餌をあげました。食いつきはいいのですが、怒ったような顔です。どうやら非常に機嫌が悪いようです……。

でも翌日の雪ちゃんは、いつも通りの雪ちゃんになっていました。ご機嫌で胸びれをパタパタさせ、心配だった体は、真っ白に戻りました。

それから4カ月後、私たちはまたも雪ちゃんを残して外泊することになりました。韓国の旧正月のためで、今回は1泊2日と短めです。

翌日、帰って「雪ちゃーん！　寂しかったかい？」と水槽をのぞくと、またも雪ちゃんは前と同じくうつろな様子、体も薄く充血しているのです。

ただ次の日になると、前回と同じく雪ちゃんの体は白く戻り、機嫌も直って可愛らしい黒目で私を見てくれるのでした。

雪ちゃんの先生が、雪ちゃんはちょっとのストレスでも充血して体が赤くなる、わかりやすい子ですねと笑っていました。

家族の外泊は、雪ちゃんにはストレスになるほど、不安で気に入らない出来事のようです。人間が近くにいたり、見られたりするほうがストレスを感じる魚もいるのですが、雪ちゃんはいつも家族がそばにいてほしい、とびきりの寂しがり屋なのでした。

お迎えから100日間のハイライト

お迎え 0日～41日

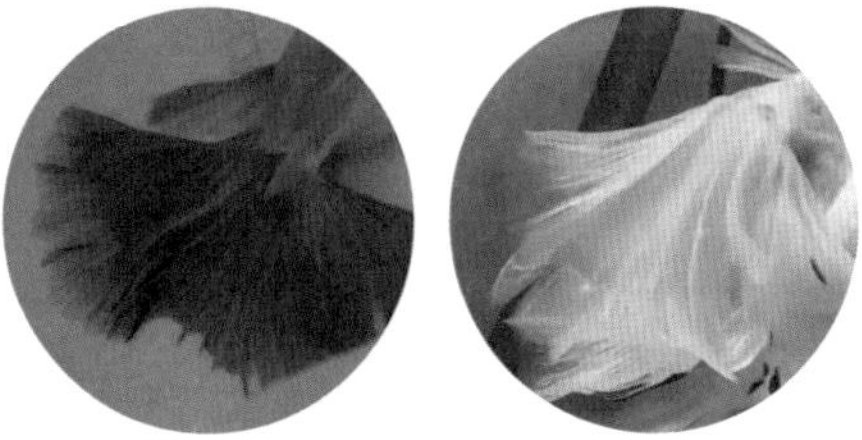

病気、薬浴、注射のたびに尾びれは、真っ赤に充血する。本来は、右の白さ

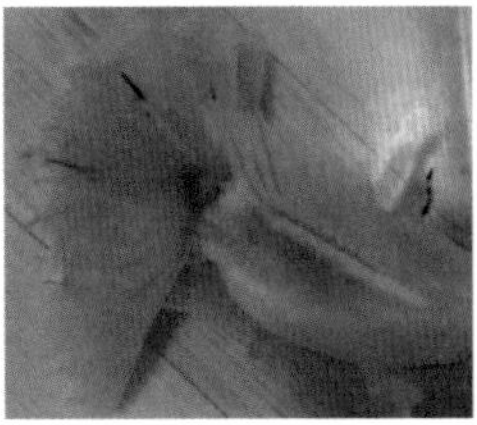

感染症が疑われた尾びれの穴は、徐々にふさがっていった

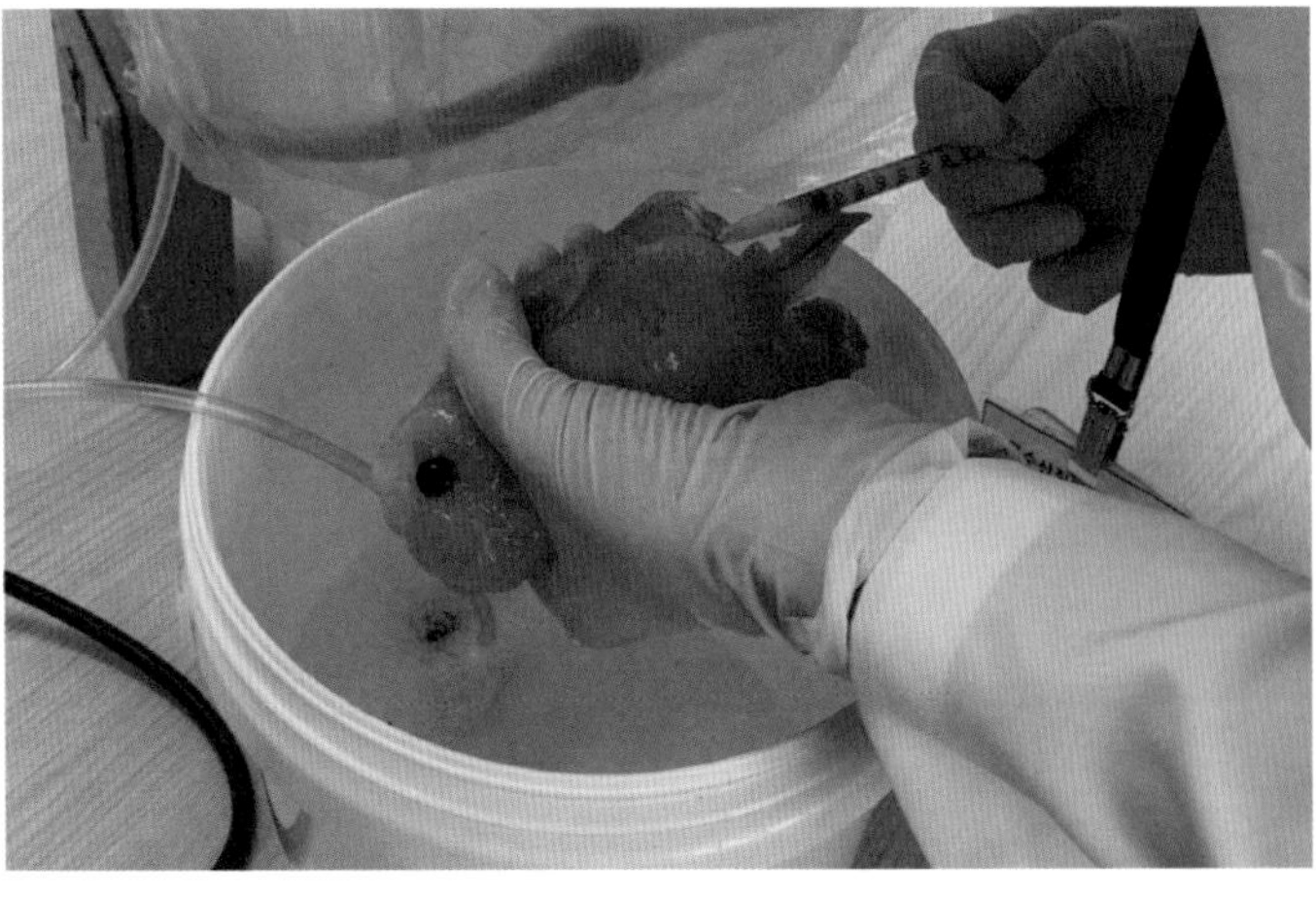

先生による注射

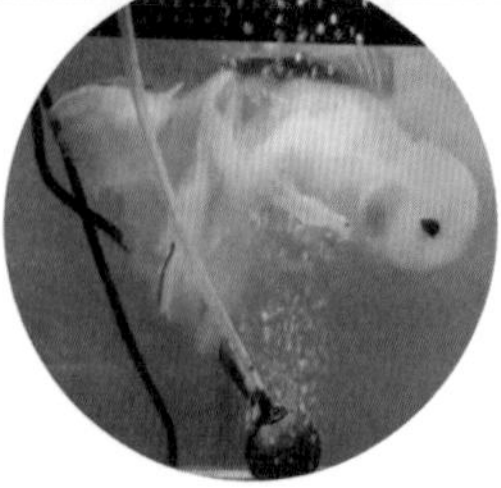

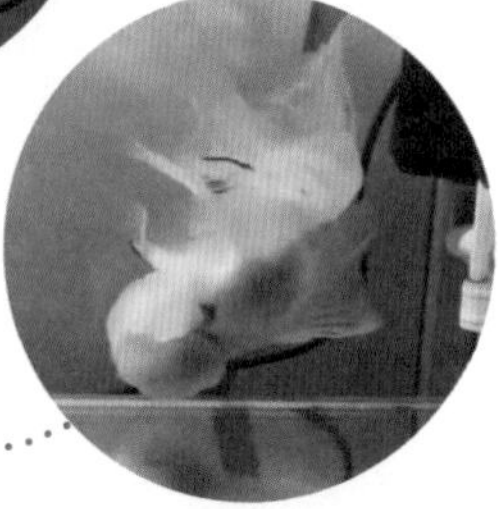

どうしても、くるりんぱ！ と回ってしまうのはなぜ？

浮き袋を調節する機能の障害により、浮くことも進むことも思い通りになりにくい雪ちゃん。

ゴハンが食べにくく物にぶつかる危険もあるが、雪ちゃんはたくみにからだをあやつりながら生きていく

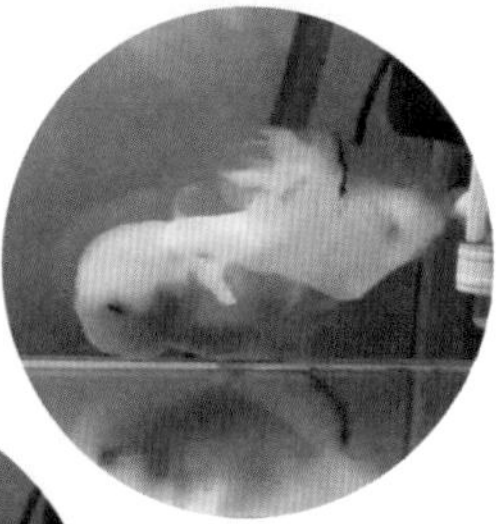

病に加えて調節機能不全もあり、衰弱が激しいと横に倒れている

自分で金魚に注射を打てますか？

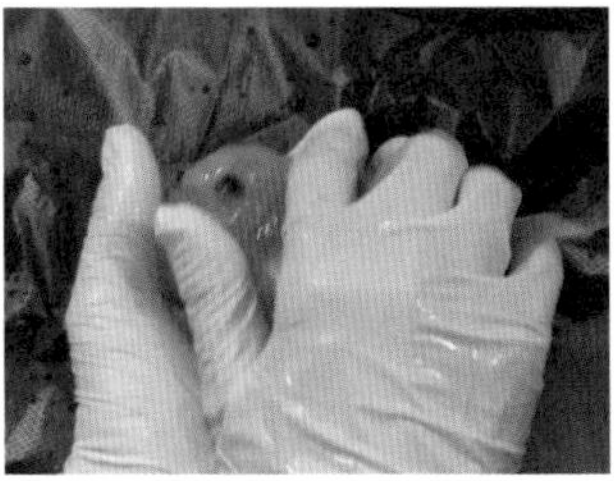

雪ちゃんを水揚げし黒いビニールシートに置く

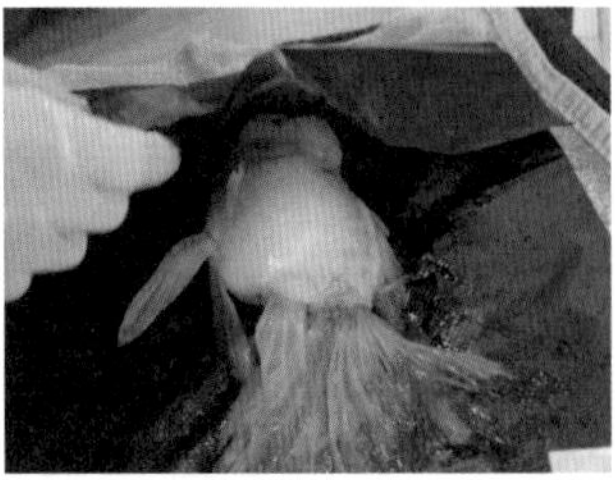

頭をシートで包むと少し落ち着く

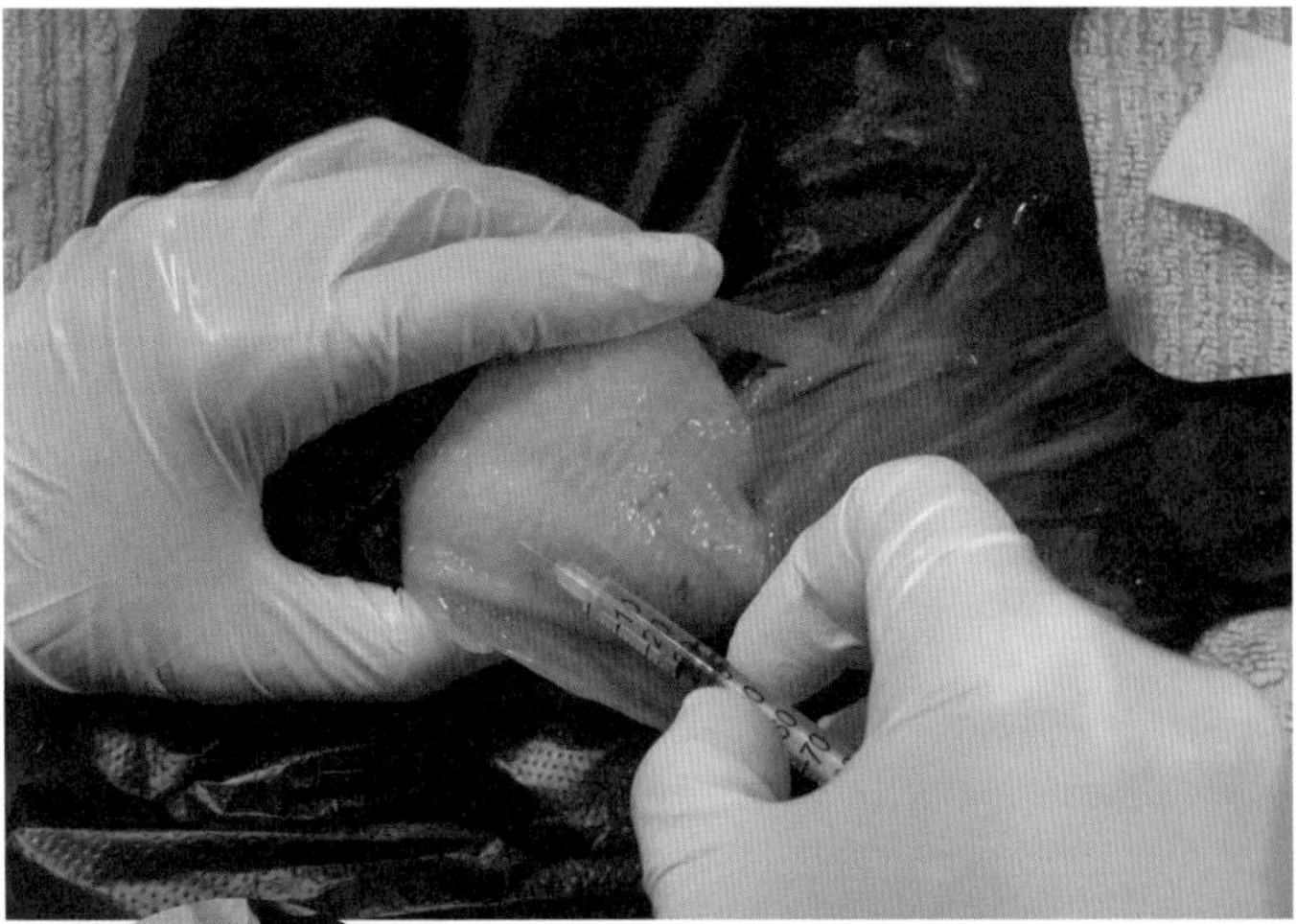

ただ治癒を願って初めての金魚への注射に挑む著者

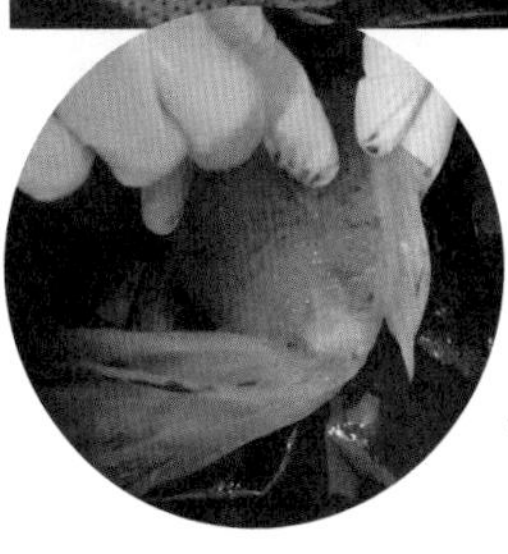

腫れや内出血が起きたら消毒し、軟膏を塗って治療する

治療を続けた結果①

水面まで浮上可能に

浮力調節がうまくいかず、
たいていは底に沈んでいたが

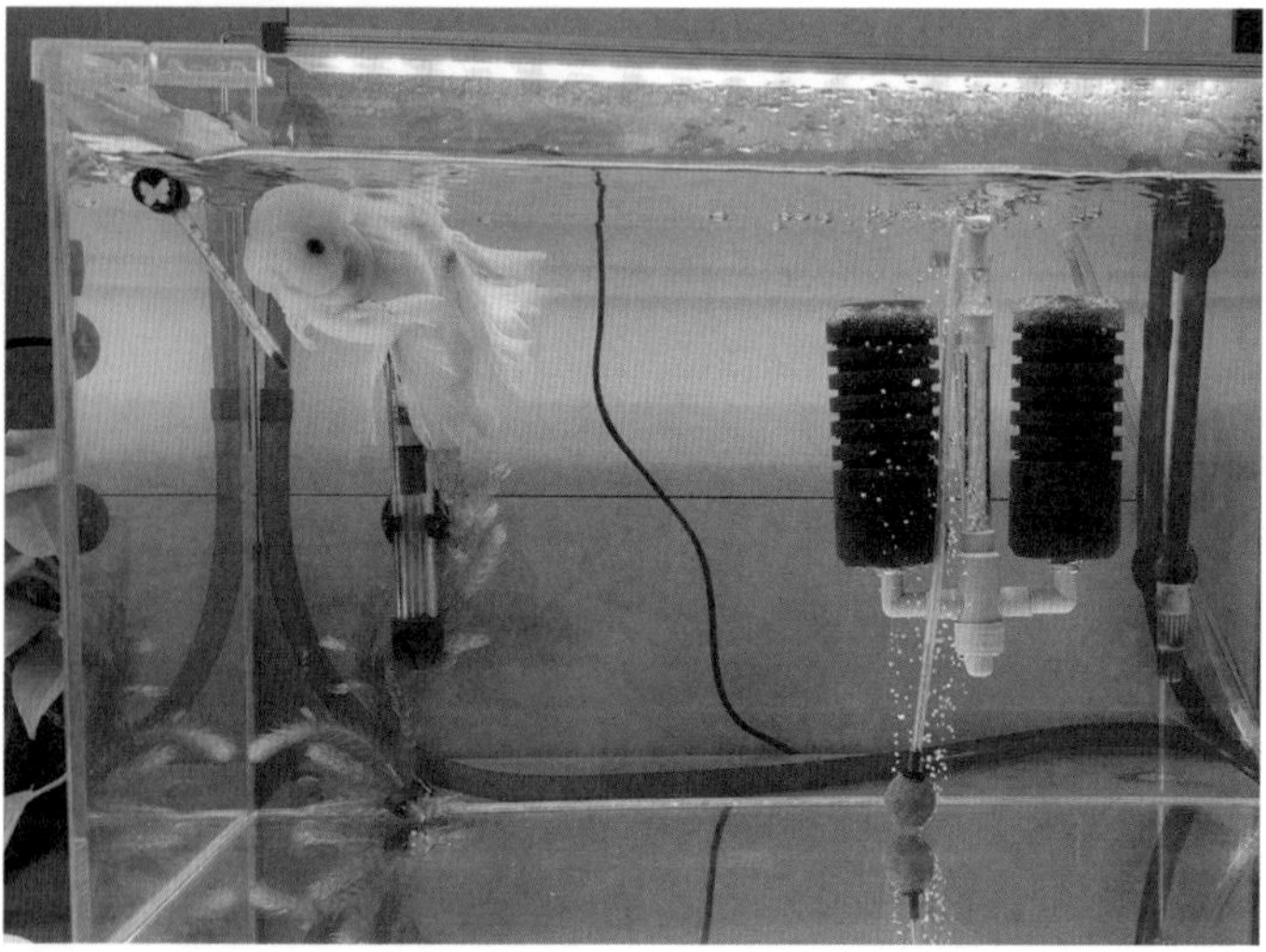

とうとう、水面近くを遊泳できるようになった

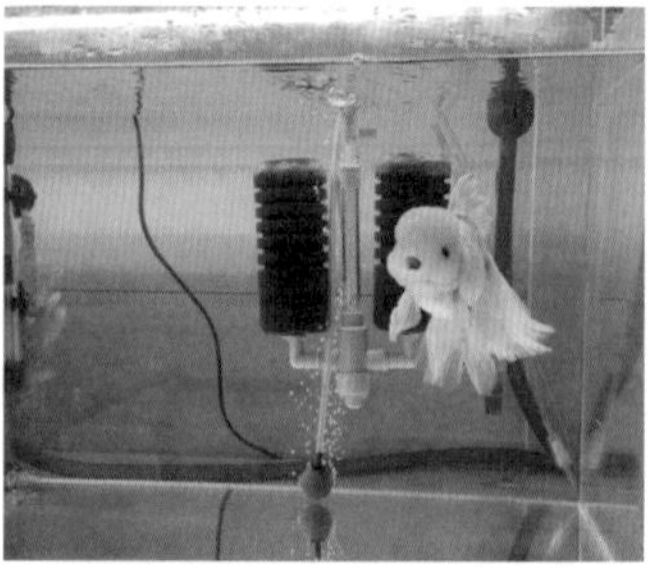

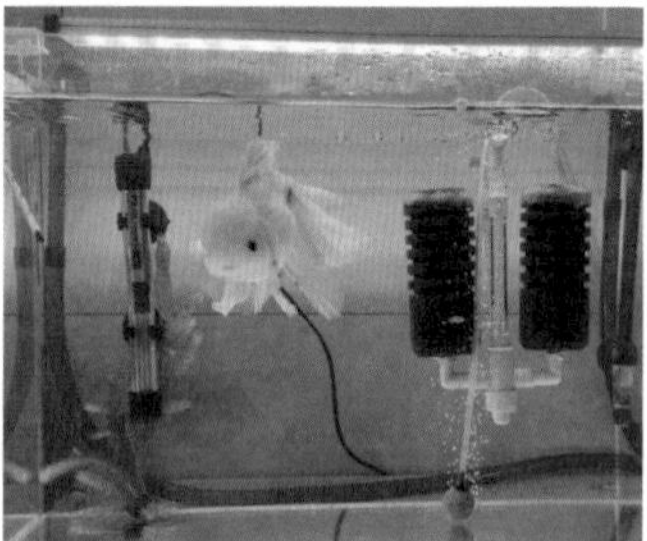

水槽の半ばまで行くのも精一杯だったが、劇的な変化

治療を続けた結果②

尾びれの再生

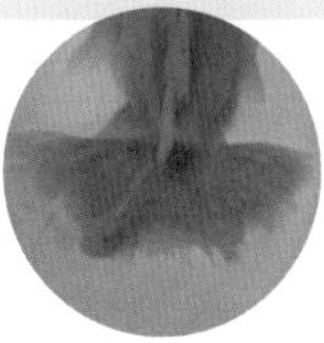

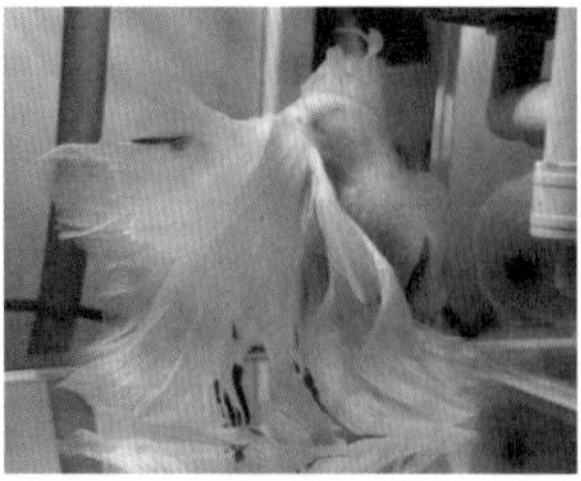

お迎え時には細かくちぎれてボロボロになっていた尾びれが変化

ベールのように繊細な尾びれをひらめかせる雪ちゃん

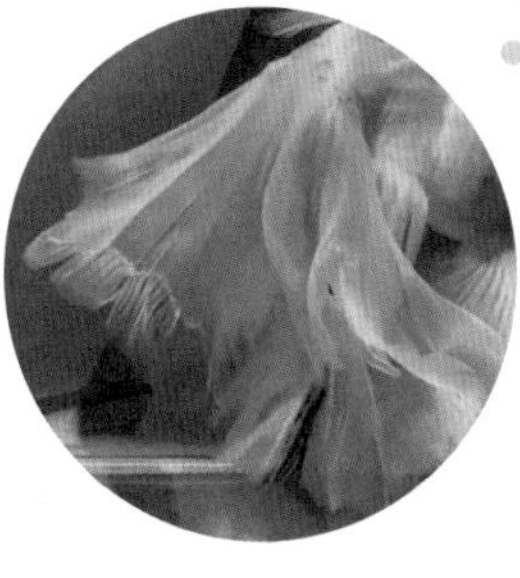

継ぎ目に見えるところから新しいひれが誕生していた

尾びれの先端が少しずつ伸びている。色が薄く変わったところが再生部分

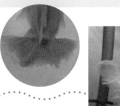

雪ちゃんは愛嬌もの

いろいろなことがありますが
おちゃめな雪ちゃんの顔芸で
ひとときリラックスしてください

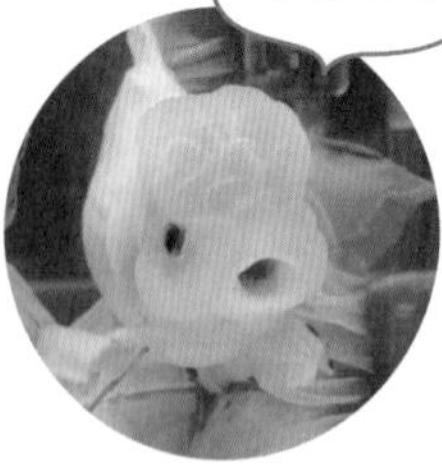
呼んだ？

ムム、下に
誰かいる！

うれしいと
背びれが
ピン！

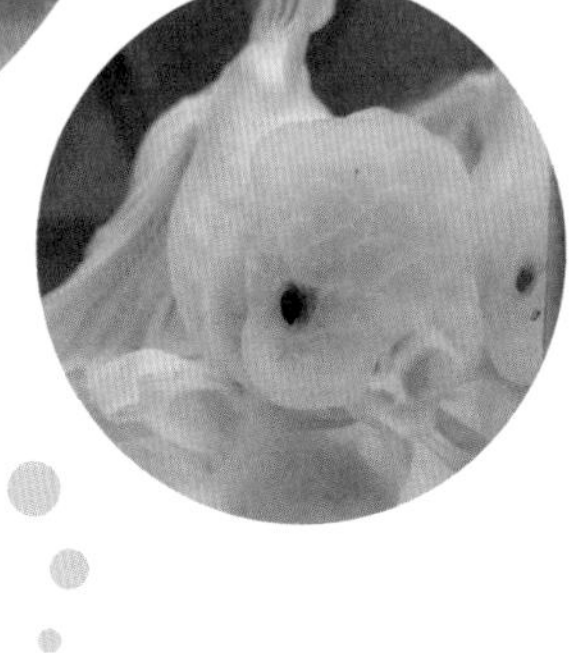

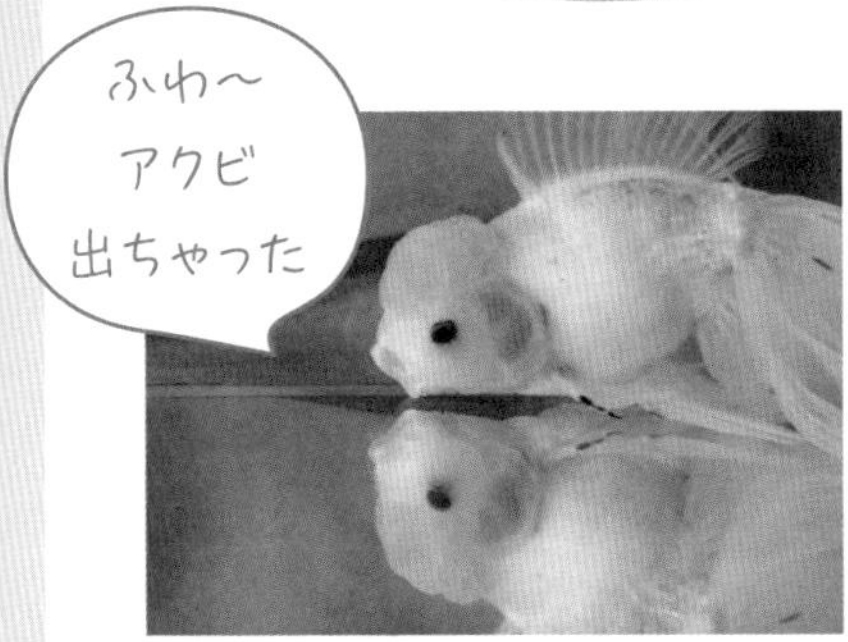

雪ちゃんは大きな口でゴハンを
食べるしアクビも大型です！

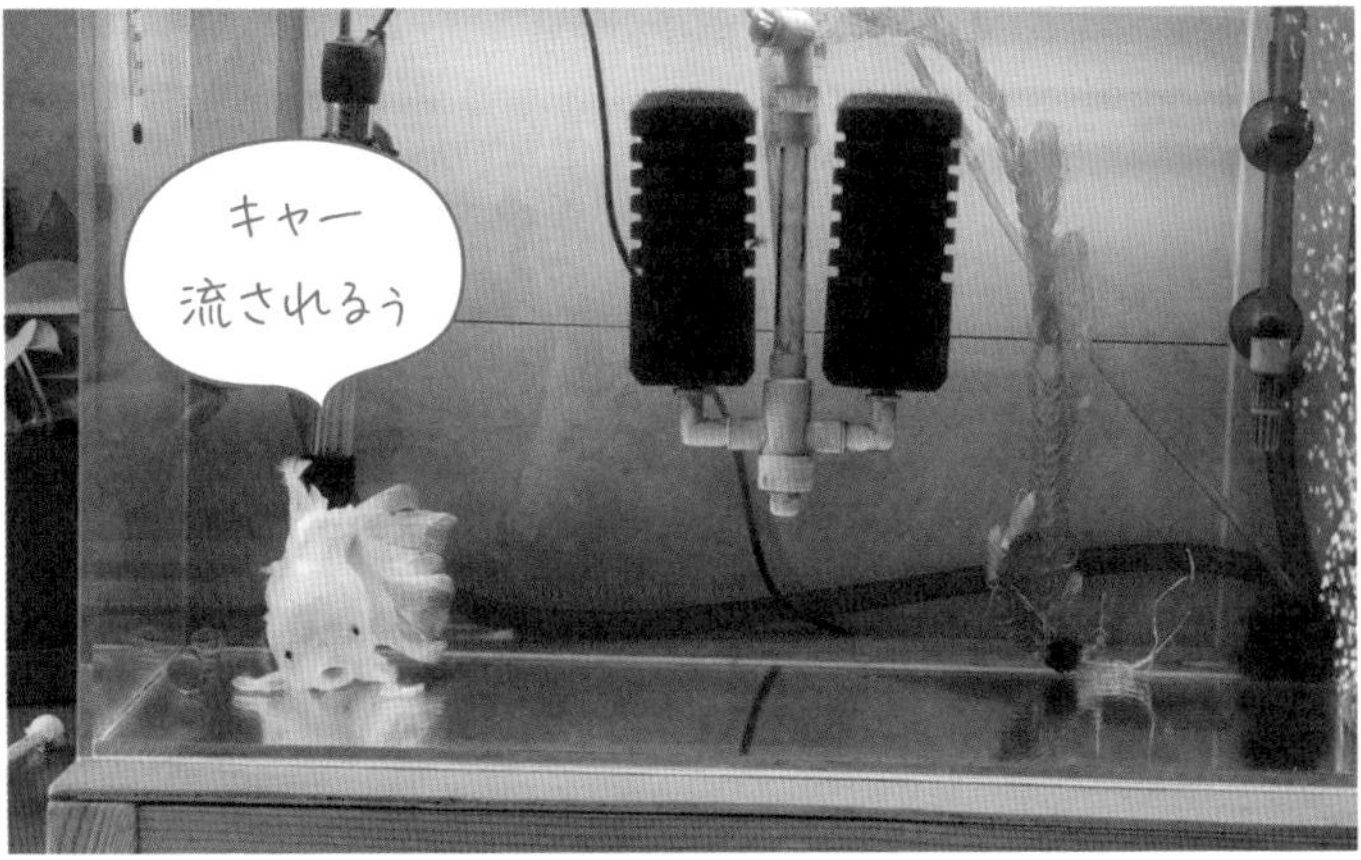

宿命のライバル・ブクブクと対戦

遊びのお供は…

水の中にあるものは
すべて雪ちゃんのおもちゃ!

とうとうボールを追い詰めた！

カーテンのすき間の光を利用して、初めてボールで遊んだ夜

ブクブクやビーズのボールをさておいて、魚の影に気を取られる雪ちゃん

雪ちゃんとゴハン

ブロッコリーをするるんと飲み込む

手を入れるとそばに寄ってきます

ほうれん草はキライ

お箸で食べるの
上手になったよ

マリモを
数日で完食!

水草も
オヤツなんだよ〜

突然キリッ!

ごらん、雪ちゃん。天安の街が見えるかい？

これから
いろいろな風景を
見せてあげたい

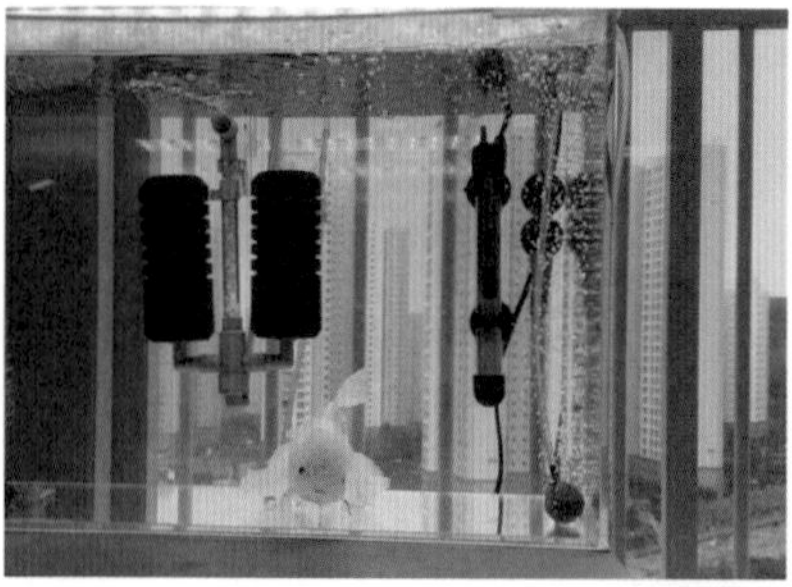

あれっ、雪ちゃん（右）に
よく似た子がいる!?
（その理由は最後にあります）

Chapter 2

⑩ 予期せぬ再発

お迎え156日〜165日

●金魚を長生きさせるには

たびたびの治療を経て、感染症を乗り越えた雪ちゃん。

ただ、もともと体は弱く、その後もうまく泳げずクルクル回ることがあるので、気は緩《ゆる》められません。

私は、金魚を10年以上飼育した人を3人知っています。どの人も、水槽を日光がよく当たる場所に置き、夜は辺りを真っ暗にしていました。

ネットでは、金魚には日光がいいという情報が多数見られます。

「日光に当てることで免疫力が高まる」「室内飼育ではうまくいかなかったが、外やベランダで飼ったら嘘のように病気をしなくなった」「金魚を何十年と飼っているが、日光は金魚を病気から守っている」などなど。

　これほど多くの人が言うのですから何かあるのかも、と私も水槽を、陽の当たる窓辺に移動することにしました。今までよりも明るくて高い場所です。

　夫に協力してもらって水槽を動かし、濾過《ろか》装置を設置しましたが、てんやわんやするうちに、移動用のバケツでひとりじっとしていた雪ちゃんが、暴れてケガをしてしまいました。このバケツは注射の時に使うので、雪ちゃんには恐ろしい場所。恐怖が限界に達したのでしょう。私たちが手間取ったため、バケツに長く入れ過ぎました。

　あわてて消毒し、ケガには抗炎剤の軟膏を塗り、ゆすいで水槽に放ちました。これは注射で腫れた時の対処法でもあります。

　翌朝早く様子を見にいくと、雪ちゃんは今まで見たこともないくらい怒っていました。私が近づくと、プイッと向こうに逃げ、水槽の水草の陰に隠れます。

　バケツで怖い思いをさせられるわ、ケガはするわ、水槽の位置を勝手に変えられるわで、相当ご機嫌ななめです。雪ちゃんに嫌われてしまいましたが、ケガが一晩で治ったのがせめてもの慰めです。

窓際から韓国の風景が広がる

金魚の健康と日光の関係をキム先生に聞くと、「日光は金魚の発色をよくするが、免疫には影響を与えていない」と言われました。

日光が金魚の健康に不可欠というデータはない。日中は眩《まぶ》しいくらい明るくして活動量を上げること、夜は暗くして日が沈んだことをわからせ、きちんと休ませることが大切だとのことです。

ただ、高い窓辺に移したのはよかったと思いました。金魚もちゃんと周りを見ています。目に映るものに興味を引かれ、夢中になったりします。

この窓から、雨も見せたい、本物の雪も

見せてあげたい。来年の春には、桜が咲くのを一緒に見ることもできるでしょう。
今まで頑張ってきた雪ちゃんに、精一杯、楽しい思いをさせてあげたいのです。

先生の助言や自分なりに調べたことから、水温は28℃を保ち、水替えは週に2回。そのつど魚用の生菌製剤（整腸剤）を水に投入しています。

茹でたほうれん草やニンニクの絞り汁が体にいいと聞き、ほうれん草のやわらかい葉を与えたりもしました。これは好きではなかったようです。2回ほど食べた後は、お箸で口まで運んでも受けつけず、そっぽを向くのでした。

わがままな時もありますが、体調はそこそこよく、元気でやんちゃな雪ちゃんを見られるのは幸せです。この頃は水槽の底に生えてきたコケを食べるのが楽しいらしく、1日中コケを相手に忙しくしていました。

子供たちは水槽の前に、おもちゃやクワガタ、カエルなどを持って来ては雪ちゃんに見せてあげていました。雪ちゃんも水槽の壁まで寄り、かまってもらえるのが嬉しいような表情を見せるのです。こんな平和な日々が、ずっと続くと思っていました。

恐れていた再発

ある朝、いつものように雪ちゃんのフンの確認をしていた時に、通り過ぎた雪ちゃんのお腹が、なんとなく赤いように見えました。目をこらすと、赤い斑点がある気がします。

炎症が起きたのでしょうか。気になるので、消毒して炎症止め軟膏を塗ろうとした時、全く偶然にも、キム先生からメールが来ました。ありがたいことに、治療後も先生方は気にかけて、様子を尋ねてくれるのです。

タイミングのよさに驚きながら、赤い斑点の写真を添えてメールで相談すると、すぐに返信がありました。

「これは感染症初期に見られる点状出血です。以前、薬餌に使った抗生剤エンロフロキサシンを、また餌に混ぜて食べさせてください」

雪ちゃんの体重（176g）を測って伝えると、適切な内服量の指示が来ました。まさに金魚の遠隔治療です。数日間、薬を飲めば治る、大きな心配はいらないと言われてホッとしました。

雪ちゃんは「赤斑病（運動性エロモナス症）」にかかったのかもしれません。これに感染すると、炎症によって充血し、赤い斑点が見えます。そこから血漿《けっしょう》成分がしみ出して血がにじんだようになり、患部が腫れて盛り上がったり、水が溜まったりします。原因は細菌（エロモナス菌）ですが、水中に当たり前にいる常在細菌ですから、これに感染するということは、またも免疫がかなり低下しているのです。

嫌な予感がしましたが、先生に言われた薬を1回飲ませただけで、翌日、お腹の赤みがきれいに取れました。専門家のすごさに感嘆しきり。投薬を続けるように言われていたので、この日も薬餌を食べさせました。

お腹の色は消えたのですが、しかし、今度は腹びれの充血が目につくようになりました。

今までは体調が悪いと、まず尾びれが赤くなったのですが、今回はお腹、腹びれと、体の下半部ばかりが赤くなります。

今までになかったことで、なんの影響でしょう。目立って変化したものと言えば、水槽に生えてきたコケです。これがどうも悪さをしている気がします。

コケは金魚の栄養食と言われるほどいいものですが、他に思い当たることもなく、水底を拭いてコケをぬぐい去りました。

その夜、赤みはさらに広がりました。

翌日は薬餌《やくじ》を始めて4日目。そろそろ薬の効果が表れていないといけない頃です。しかし、期待に反して腹びれの赤みは増す一方。そしてお腹の横が、十円玉ほど大きく赤く充血し、子どもたちが異変に気づくほどになりました。明らかに悪化していきます。薬が効いていません。

夜になり、水槽にかぶせた布を、こちらをのぞけるように少しめくっておきました。そのすき間から、雪ちゃんは助けを求めるように見つめています。

本来、体の調子が悪い動物は人目を避けるのですが、出会った時から雪ちゃんは、人が見えるところに身を寄せていました。誰かが見えるほうが安心するのでしょうか。

コケが好きな雪ちゃんだったが、コケはリスクとなった

先生に報告すると、今飲ませている抗生剤エンロフロキサシンを中止し、雪ちゃんにいちばん効果的な抗生剤G薬で、薬浴をするようにと返信がありました。

雪ちゃんはまた病気になってしまいました。でも大丈夫、先生がついている。

松かさ病、赤班病、腹水病を併発

発症から5日目の朝となりました。

今日はこれから、雪ちゃんの大嫌いな薬浴をします。

効果の高いG薬を使うだけに、金魚の負担も重く、雪ちゃんはこれを使うと死んだように動きが止まるので気が重いのです。

水槽にかけた布（カーテン）を開けてドキッとしました。随分《ずいぶん》むくんで見えます。

もしかしたら……。

言葉が出ません。ウロコが開いています。

2日前に撮った動画と見比べました。この時はまだ体の表面はなめらかで引き締まっています。でも今は……。

間違いありません。恐るべき松かさ病に、またかかってしまったようです。

忙しい先生に何度も申し訳なかったのですが、状態を報告すると先生は、

「気温が下がるこの時期は、体力のない子の間で、松かさ病がたくさん発症しています。水温が下がらないように気をつけて、水の塩分濃度は0・5％に。G薬で5日間薬浴をし、お渡しした抗炎症剤を餌に混ぜて飲ませてください」

と、答えてくれました。

治療に抗炎症剤が加わりました。

抗生剤の薬浴で菌を殺し、抗炎症剤の内服で炎症を鎮めるのです。

それからは、指示通りに薬浴薬餌を続け、毎日、写真を撮ってウロコの開き具合を

見比べては、一喜一憂していました。

ところが、薬浴薬餌の4日目。ウロコが突然大きく開いていていました。体が丸くふくらみ、お腹も太い――これまでいちばんひどい症状です。

感染症で内臓機能が低下すると、体内の各所に水が溜まります。お腹に溜まれば腹水、目の裏に溜まるとポップアイ（眼球突出）、ウロコの根元に溜まると、ウロコが開く松かさ症状を呈します。

松かさ病については、写真もたくさん見てきました。その末期の姿に近づいています。今までにない恐怖を感じました。

こうして治療を続けていなければ、もうこの世にはいないのかもしれない。私は無理に寿命を延ばしているのでしょうか。自然に反している、やりすぎだという意見もあります。

夫は私の迷いを聞いて、

「人間だって病気になれば薬を飲むのに！　この子はもともと病気の子なのに、薬をやめたら死ねってことでしょ？」

強い口調に、少し目が覚めるような気がしました。私たちは、病気はもちろん治したい。でもそれ以上に、今この子がつらいのは耐えられない。体が少しでも楽になるようにと願って、薬浴薬餌《やくじ》を続けました。

翌日。5日間の薬浴が終わる日です。

最も期待できる抗生剤G薬で薬浴し、炎症を抑える餌も毎回食べさせました。でも、雪ちゃんのウロコは閉じませんでした。お腹の側面は赤く、ふくらみも解消しません。

先生に治療結果をメールしながら、いても立ってもいられず、来週、雪ちゃんを連れて行きますから診てもらえませんか、とお願いしました。

日曜にも拘わらず先生はすぐに、明日スケジュールを確認して連絡すると返信してくれました。

大丈夫。松かさ病でも以前、治ったのだし、まだ雪ちゃんには泳ぐ元気がある。今日も可愛い黒い目をして生きている。先生も診ると言ってくれているのだから——。

翌日の月曜日。肝が冷えました。昨日まで泳げていた雪ちゃんが、下に沈んで全く動かなくなっています。

先生から連絡がありました。なんと自宅に来てくださるというのです。偶然にも3日後に、私の住む町からそう遠くない町の大学で、特別授業の講師を頼まれていると。

しかし、3日後では間に合わない気がしました。なんとか明日見ていただけないかとお願いしたところ、空港まで来てもらえるなら、午後から診察できるとおっしゃってくれました。

夫も今年の休暇がまだ残っているから運転できると言ってくれ、すぐに明日の予約を取りました。

1日でも早く先生に診てもらわなければ――悪い予感が恐ろしいほどの実感を伴って、私を突き動かしていました。

⑪ 暗転

お迎え166日〜169日

●瀕死の金魚にできること

病んだ金魚を空港まで生かして運ぶのは、2度目とはいえ難題です。片道2時間の移動、酸素不足、水温低下、車の振動、何が引き金になるかわかりません。

可能な限りの対策をし、先生の指示で朝に採取したフンと、そして大量の予備の塩水を持ち、夫の運転で一路空港へ。無事に到着した時、出がけに30℃だった水温は26℃まで低下していました。やはり遠くに連れ出すのは非常に危険です。

到着後、ジン先生はさっそく、持参したフンの検査から始めました。顕微鏡で入念に調べ、こんな質問をされました。

11　暗転

先生「もしかして、他の子を同じ水槽に混ぜましたか？」
私「いえいえ！　していません」
先生「他の水槽の水を混ぜたとか？」

　水？

私「混ぜていないと思います」

　とまどいましたが、不意に思い浮かぶものがありました。水槽で飼い始めてから、私は定期的に、他の水槽で育てている水草を与えていたのです。

　水草は金魚の体によいとされていますし、その間、雪ちゃんは健康を取り戻していたので、ここまで悪化する原因とは信じられないのですが。

　先生は、水草や水1滴でも、他の水槽のものが混ざると、トラブルを起こす可能性があると教えてくれました。

　そして、フン自体は特に異常はないと言い、顕微鏡をのぞかせてくれました。

　フンの他に、細かい点のようなものがものすごい速さで、うじゃうじゃとうごめいていました。

先生「小さな点はすべて水中微生物です。もともと水の中にはいろいろな微生物が棲みつきますが、雪ちゃんのフンの周りには大量に湧いていて、これはさすがに量が多い。フンを餌に繁殖するので、見つけたらフンはなるべく早く取り出してあげたほうがいいですね。

微生物は直接害を与えるものではありませんが、雪ちゃんの体質を考えると、このようにたくさん湧いている状況はよくありません」

水中微生物が増える環境を作ったのは私です。

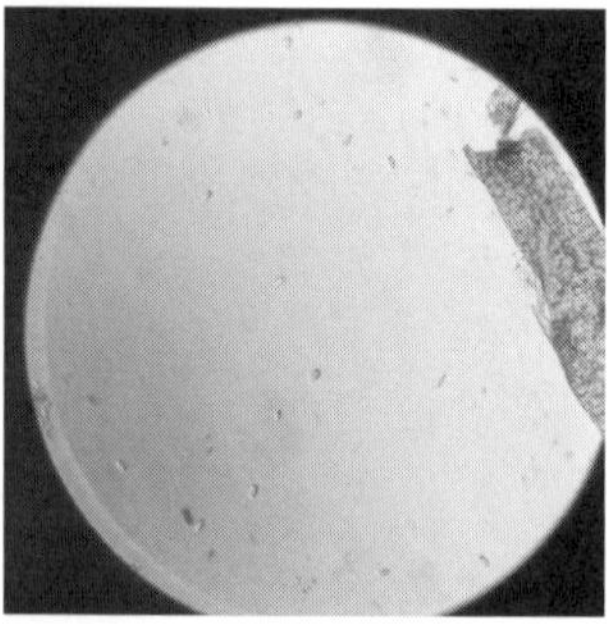

フンの周りの微生物

体が弱い金魚の例に漏れず、雪ちゃんは腸が丈夫ではなく、下痢や、気泡（ガス）が溜まって水面に浮くようなフンを、よくします。

私は植物性の餌がよいと聞き、コケを食べさせるようにしていました。確かに効果があり、雪ちゃんも好んで食べて、緑色のよいフンを出すようになったのです。

11 暗転

しかし、おそらくこのコケにフンが引っかかり、長く滞留したので、水中微生物が大量に繁殖したのかもしれません。

水草もコケも、本来は心配のないものです。でも雪ちゃんは、そこまで注意が必要な体になっていたのでした。

雪ちゃんに麻酔をかけ、抗生剤など数本の注射を打つことになりました。水から引き揚げて体重を測り、重さ１９０ｇの金魚に適した薬量が準備されます。体重が増えているのは、腹水のせいでしょうか。

横腹とお腹の底に注射を打たれた雪ちゃんは、麻酔状態のままバケツの水に戻されました。ジン先生はすぐに手を離すことはなく、金魚を両手でくるんだまま話し始めました。

「浮腫がひどく深刻です。皮下に残って効果が持続する抗生剤を打ったのですが、皮膚に水が溜まってパンパンなので、薬が体に残らずあふれ出してしまいました。むくみがひどいので、薬どころか針すら入りにくくなっています。これは本当に深刻な状況です」

先生の表情が曇っていました。

「今後、しばらく自宅でも注射をしないと、助からないかもしれません」

そしてまだ覚めない雪ちゃんを、左手の手のひらに寝かせて支え、

「今まで炎症を抑える抗炎剤を飲ませていましたが、今後は直接の注射に切り替えてください。その時は背中の筋肉の注射する部分だけを、水から出します。体全部は出さないように。あまりにも脊椎に近いところには打たず、針は半分以上入れて」

と、やり方を演じながら説明してくれました。

「症状がよくなるまで、しばらくずっと続けてください。炎症がおさまってくれれば、なんとかなりそうなんだけど……」。

魚から血液と腹水を抜く

雪ちゃんが麻酔から覚めて、動き始めます。

ここでジン先生は、意を決したように続けました。

11 暗転

「思っていた以上に病気が深刻です。もう一度麻酔をかけて、血液検査と腹水検査をしてもいいでしょうか。血液と腹水を採って大学に送ります。感染菌が特定できれば、もっと正確な治療ができると思います」

今思うと、かけたばかりの麻酔をまた行うことに、また処置のリスクの高さに、先生にもためらいがあったのかもしれません。しかし先生は、危険を冒して踏み出してくれました。そんな方法があるのなら、と私は検査をお願いしました。

「ごめんね、もう1回だけ」と、先生は雪ちゃんに声をかけ、再び麻酔薬を溶かした容器に雪ちゃんを入れます。

やっぱりただならぬ状態だったんだ。今日、来てよかった……。

先生は眠った雪ちゃんを水から出し、台の上で血液採取を始めます。

そもそも金魚の血管は、外からは全く見えません。それでも探し当て、注射針で血液を抜くのです。専門家にしかできない、いかにも難しそうな手技です。

尾びれの根元に刺した細い注射器に、魚の血が上っていくのが見えました。

続けて腹水採取です。お腹に針が刺される瞬間、かつて観賞魚博覧会で言われた言

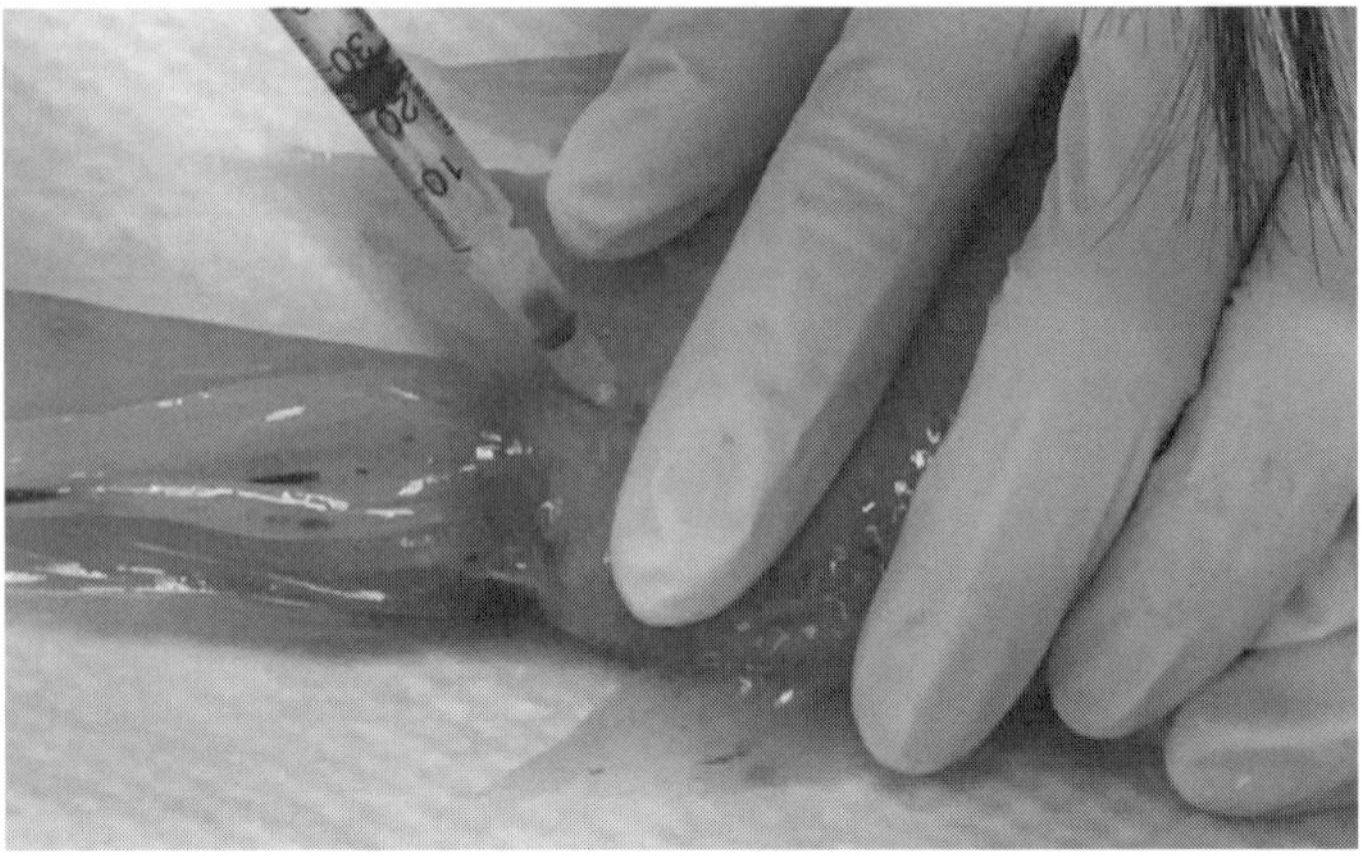

金魚から血液を採取する、繊細な手技

葉がよぎりました。

「針を刺して腹水を抜くこともできるが、内臓を傷つけるリスクがある」

先生たちもやろうとは言わなかった処置が、今なされています。一つひとつの行為が、魚には非常に危険に見えました。祈ることしかできません。

沈黙の中で無事に採取が終わり、雪ちゃんも麻酔から覚め、この日の診察は終わりました。料金はこれほどの検査や診察、処方薬も2つ出してくれたのに、合計でわずか8万ウォン（8000円）でした。

病気が深刻だと宣告されたショックと、でも、ここまでしてもらえたのだから、大丈夫かも……という淡い希望が、ないまぜのまま帰宅。

雪ちゃんは大変な1日を乗り越えてくれました。

黄変する白い金魚

翌日、雪ちゃんは昨日の疲れか、下痢をし、ほとんど動けなくなりました。

心の準備という言葉が、頭にちらつきます。

そこへ先生から連絡があり、明日、講義のため近くに行くので、様子を見させてほしいと言ってくれました。ここまでしていただいて本当に嬉しく承諾しましたが、明日まで生きているように思えず、無駄になってしまう気がしました。

その翌日。発症から13日目の朝です。

「雪ちゃん、おはよう」

雪ちゃんはもう動けないけれど、一生懸命背びれを立てて答えようとしていました。

それが精一杯です。少し前までは、まだひれを振って泳ぐことができたのに。

午前中に、ジン先生とチェ先生が来てくださいました。

雪ちゃんをひと目見るなり、「ずいぶん黄色くなりましたね」と驚いた声です。

注射による内出血で、一時的にビリルビンが溜まっただけなら問題ないが、さらに黄色くなるなら血液か内臓の問題も疑われる。観察を続けるようにと言われました。

そして、血液と腹水の検査結果を教えてもらいました。


結論から言うと、この検査でも原因菌はわかりませんでした。検体の中に細菌は検出されなかった。採取できる量に限りがあり、たまたま発見されなかっただけかもしれない。感染症の心配はない、という結果ではない。

これだけ全身の状態が悪いのに検出されないということは、細菌ではなくウイルスかもしれないので、麻酔をかけてエラの中を見させてほしいと言われ、承知すると、先生方は手早く検査を施しました。

結果は、それも異常なしでした。ウイルス性疾患ならエラの中が薄いピンク色など白っぽく変色するのだそうです。

それから雪ちゃんに、抗生剤と栄養剤が注射されました。その効果か、麻酔から覚めた雪ちゃんが、少し泳ぐ動きを見せました。

先生が様子を見ながら、やはり後方浮袋に空気が溜まって、よく排出できないようだと話します。

「浮袋の空気調節がうまくできないことが、雪ちゃんの大きなストレスとなり、体の弱さにつながっていると思います。

針を刺して空気を抜くこともできますが、刺した瞬間に浮袋が破裂して命を落とす危険もあります。ですので雪ちゃんは、このまま保存的に見守りましょう。他のストレスを与えないことが、何よりも大切です。

そして、できれば水槽の場所を、窓際から家の中に移したほうがいいですね。ヒーターを入れても、窓の近くはどうしても水温が変化しやすいので、雪ちゃんには負担になる可能性が高いです」

そうだったのか。よかれと思ったのですが、雪ちゃんほど抵抗力のない子には、逆効果だったようでした。

韓国は冬が厳しく、わが家の窓は二重ガラスで内窓と外窓になっており、合わせて四重窓というかなりの防寒対策がなされています。マンションは一括管理で冬は24時間の床暖房、室内が22℃を下回ることもありません。その上、水槽には水中ヒーターも入っています。

それでも金魚は、わずかな気温や水温の変化を感じ取り、季節の変わり目には体調を崩すのだそうです。水槽の位置を変えなければ、雪ちゃんはこんなことにはなっていなかったのかもしれません。

病気がちな金魚は、窓の近くは避けてヒーターを入れて飼育する。照明をつけ日中の活動量を上げ、夜は暗くしてしっかり休ませることと、念を押されました。

先生たちは、今日は雪ちゃんが心配で見に来ただけなので、と診察料も受け取らずに帰られました。

11

暗転

雪ちゃんは体が楽になったらしく、ブクブクを突いて遊ぶほどの元気を、ひととき見せてくれました。

翌日。

雪ちゃんの体は、全身がさらに黄色くなってきました。

赤く充血した部分以外は、どこも黄色がかっています。どこかが炎症で出血してのビリルビン放出か、肝臓が悪くなったための黄疸症状か。

雪のように白かった雪ちゃんですが、白い部分がほとんどなくなってしまいました。

⑫まだ死にたくない金魚と、死なせたくない飼い主の1週間

お迎え170日〜177日

●末期の金魚とともに

発症から15日目。

雪ちゃんの体は黄色く、ウロコはさらに開き、横腹の赤みも増しました。

でも、食欲は落ちません。今日もゴハンを食べたがっている。

生きようとしています。

今日から私が、炎症を鎮める注射をします。

前回、生まれて初めて金魚に注射をしてから、だいぶ経ちました。今度は、ストレスを最少にするために、注射を打つ部分だけを水から出します。打つ日数も決まっておらず、もういいと言われるまで毎日続けるのです。

水の中で雪ちゃんを、手に取りました。松かさ病で開いたウロコでざらついた体表、ふくらんでブヨブヨになったお腹を手のひらで実感します。

かわいそうに。こんなにまでなってしまった。

背びれの近くに注射針を刺しましたが、中に入っていかず焦りました。ウロコが予想以上に逆立って針に引っかかるのです。

嫌がって体を振る雪ちゃん。

必死で刺せる場所を探ります。なんとか注射を打ちました。しかしおそらく薬液はきちんと筋肉に入らなかったと思います。

水に入っても、雪ちゃんのエラは激しく動き、本当につらそうです。部屋を暗くして見守っていると、ようやく呼吸が落ち着き、寝る体勢になりました。

発症から16日目、注射2日目。

雪ちゃんは衰弱して動きません。私の経験ですが、危ない状況の金魚を、浅い容器に替えて、0・5%の塩水で回復させたことが何度かあります。

今の水深は、35センチです。水槽が浅いとよくないと言われて移し替えましたが、水深が深いと、水の重さが金魚の体にかかって負担が大きくなります。稚魚は特に、水深を浅くし水圧を減らすことで、大きく元気に育つと言われています。らんちゅうなどもかなり浅い水深で生産されているようです。

とにかくやってみよう。

以前使っていた、治療用の浅いプラスチックケースを引っ張り出し、深さ15センチの塩水にして雪ちゃんを移しました。

1時間後。

それまで動きのなかった雪ちゃんが、泳ぎ出しました。

よかった……。

浅いケースで水面が低くなったので、注射をするのも楽になりました。薬が筋肉の中まで届いた感触があったので、今日は成功です。

雪ちゃんは、ちょっと元気が出てきて、愛嬌を見せたりしました。

ただ、病気の重さは変わりません。

お腹の両側に痛々しい充血が現れ、白い部分は侵食されたように黄色く変わり、ウロコは完全に開いて、松ぼっくりのようになってしまいました。

松かさ病の末期と言われる姿です。

こんなにひどくなった金魚を実際に見るのは初めてでした。普通なら、こうなる前に息絶えることがほとんどです。

でも、雪ちゃんが餌を食べているうちは諦められません。

先生が、病気の魚がどんなに悪化しても、餌を食べられるうちは、好転する可能性を信じているとおっしゃっていました。私もそれを信じるばかりです。

●ついに先生も諦めてしまった？

悔いが残らないよう、何かできないかと、日々考えました。

以前、先生に処方されたものの、使う機会のなかった抗生剤があるのを思い出し、先生にそれを使ってはどうか、と思いきって提案してみました。

先生から許可があり、指示に沿って栄養剤とともに餌に混ぜて与えました。

私が近づくと餌がもらえると思って、弱々しい動きですが、喜んでいます。

悪化する姿を見るのがつらくて、子供たちはなんとなく遠ざかるようになりました。

しかし録画を見返すと、雪ちゃんは家族をいつも目で追い、かまってほしそうに、追いかけて泳いでいたことに気づきました。

大嫌いな注射ですら、今はもうわかっているかのように、逃げません。打つ前も後も私についてこようとします。

僕は大丈夫だよと言っているように見えます。抗生剤の薬餌も今までにない速さで食べるようになりました。

こんなに頑張っている雪ちゃんを、どうして諦められるでしょうか。


発症から18日目、注射4日目。

もはやウロコは90度近くまで逆立ち、体は野球ボールのようにふくらんでいます。

まさに異形の松かさのよう。

薬が効きません。いつ死んでもおかしくない状態です。雪ちゃんの前では泣きたくないのですが、涙がこぼれてきます。

何度も申し訳ないと思いながら、また先生に、薬の量を増やすことはできないかと相談しました。

すると先生は、

「注射していた抗炎症剤を0・02㎖から0・05㎖に増やしましょう。内服させていた栄養剤も注射に回し、抗炎症剤と混ぜて打ってください。

逆に、飲ませていた抗生剤のほうは、中止してください」

と言われました。

抗生剤をやめる？

それこそ治療の最終兵器と思っていたので驚きました。抗生剤をやめたら菌が繁殖してしまう。注射しているのは抗炎症剤で、炎症は抑えますが、抗生剤のように菌と戦い、殺すことはできません。

確かに抗生剤を飲んでも、結果はかんばしくありません。でも病原菌と戦うのをやめてしまったら――。先生はとうとう諦めてしまったのでしょうか。

発症から19日目、注射5日目。

注射を打とうとして、異変を感じました。ウロコ同士が溶けたようにくっついて、ネバネバしているのです。境界線がよく見えません。

こんなことは初めてでした。重なるウロコを剥がすようにめくり、すき間から注射針を刺します。

魚は痛みを感じないという噂があるので、先生に本当か聞いてみたのですが、「痛いに決まっているじゃないですか」と一蹴《いっしゅう》されました。確かに、ひれは痛みを感じないと言われていますが、嫌な感触はあるのでストレスになるのは間違いない。一方、体の部分ははっきり痛みを感じるのだそうです。

その通りです。おとなしく注射をさせてくれますが、雪ちゃんも時には激しく体を振って逃げようとします。

雪ちゃんは痛いのを我慢しているのです。回復の見込みがないなら、注射は苦しめるだけのもの。かと言って、やめてしまえばもっと悪化するかもしれません。

前にも後にも進めません。きっと助かると自分に言い聞かせて注射を打ちます。

発症から21日目。注射7日目。

注射した部位から出血するようになったので、今日からさらに細い針を使うことにしました。

効果がないのなら、これ以上注射をする意味があるのか。やめるとしたら、私から言うべきなのか。それとも先生に打ち切られるまで続けるほうがいいのか。

精神的に追い詰められてきました。

ふいに、雪ちゃんの第二の恩人、水産疾病管理センターのA先生からもらった抗生剤を試してみたら？　という考えが頭に浮かびました。あの時はすぐにウロコが閉じて松かさ病が治ったのです。あの薬なら助かるのでは？　ジン先生は、私に抗炎症剤を、A先生は抗生剤を注射させました。やっぱり抗生剤でないとダメなのでは？

ジン先生たちには失礼ですが、もうそんなことを言っていられず、A先生に電話をかけました。

A先生も雪ちゃんを覚えていて、すぐに状況を把握されました。

「本来は取りに来てもらうところですが、お急ぎでしょうから送ってさしあげます」

そして代金の話もしないうちに、翌日、小包が到着したのでした。

発症から22日目、注射8日目。

A先生の薬が届いたので、さっそく注射をしようとしました。

しかし――。やはりずっと雪ちゃんを診てくれたジン先生には恩義があります。ひと言お断りをしておこうと思い立ち、メールを送りました。

すると、休日なのに5分と経たず、ジン先生から電話があり、「その薬を使うのはちょっと待ってください」と言われました。

ジン先生の真意

先生がそう言ったのは、意外な理由からでした。

「最初の検査で、（症状から細菌感染症と診断したのに）細菌が検出されなかったことが、ずっと引っかかっていました。

抗生剤も、何を使っても効果がない。それなのに、これだけ体に水が溜まって炎症もひどいわけです。そこから雪ちゃんの今の問題は、（細菌よりも）腎臓や肝臓の内臓障害ではないかと考えました。

今、抗生剤を使えば、肝臓に負担をかけてさらに悪化するかもしれません。先日、抗生剤を止めると言ったのは、雪ちゃんの内臓を休ませて回復させるためでした」

と、教えてくれました。

私の誤解でした。先生方はまったく諦めてはいなかったのです。

病因の細菌をたたくことをやめ、雪ちゃんの体力を立て直す治療へと方向転換しようとしていました。

休日なのに、わざわざ飛び起きて電話をかけるほど、金魚のことを考えてくれていた先生。ここまで重篤になっても、見放すことを1ミリも考えていなかったのです。

私に雪ちゃんの食欲が衰えていないことを確かめて、

「では、タンパク質を減らして、野菜を多く食べさせましょう。

そして注射の薬をひとつ増やします。代謝促進剤を混ぜて注射を続けてください。代謝エネルギーを節約して、体力が衰えるのを防ぎます」と言い、

「これはあくまでも私個人の見解です。お手持ちの抗生剤を使うかどうかは、最終的には、飼い主さんの判断に任せます」

とも言い添えられました。

夫に相談すると、抗生剤を使わないことには懐疑的で、強く反対されました。

それでも私は、やはりジン先生の意見を聞くことにしました。

今までも雪ちゃんの危機的な状況を、的確な診断と治療で乗りきらせてくれた先生です。やはり最後はこの先生と共にいようという思いがありました。

松かさ病が進行した雪ちゃん

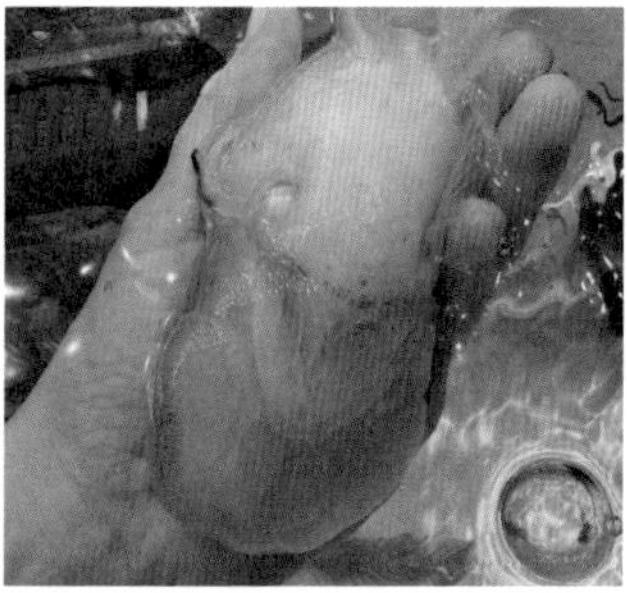

発端はおなかに認められる
点状出血だった

⑬ 戦わない治療への転換

お迎え177日〜182日

●抗生剤から食事療法へ

この日から、注射の薬液を3種類（抗炎症剤、栄養剤、代謝促進剤）にし、抗生剤はなし、そして野菜をもっと食べさせるという療法が始まりました。

ほうれん草、キャベツ、ブロッコリーなど、その日の料理に使うものを煮て、ちょっぴり与えます。お箸で口に運んでも、雪ちゃんがどうしても食べない野菜もあれば、カボチャなど入れると崩れて水を汚すものもあり、何がいいのかは試行錯誤です。

雪ちゃんの見た目は、相変わらず末期的ですが、注射薬が3種類になってからは、意外と泳ぐようになりました。注射の薬量が増えると、それだけ筋肉が押し広げられ

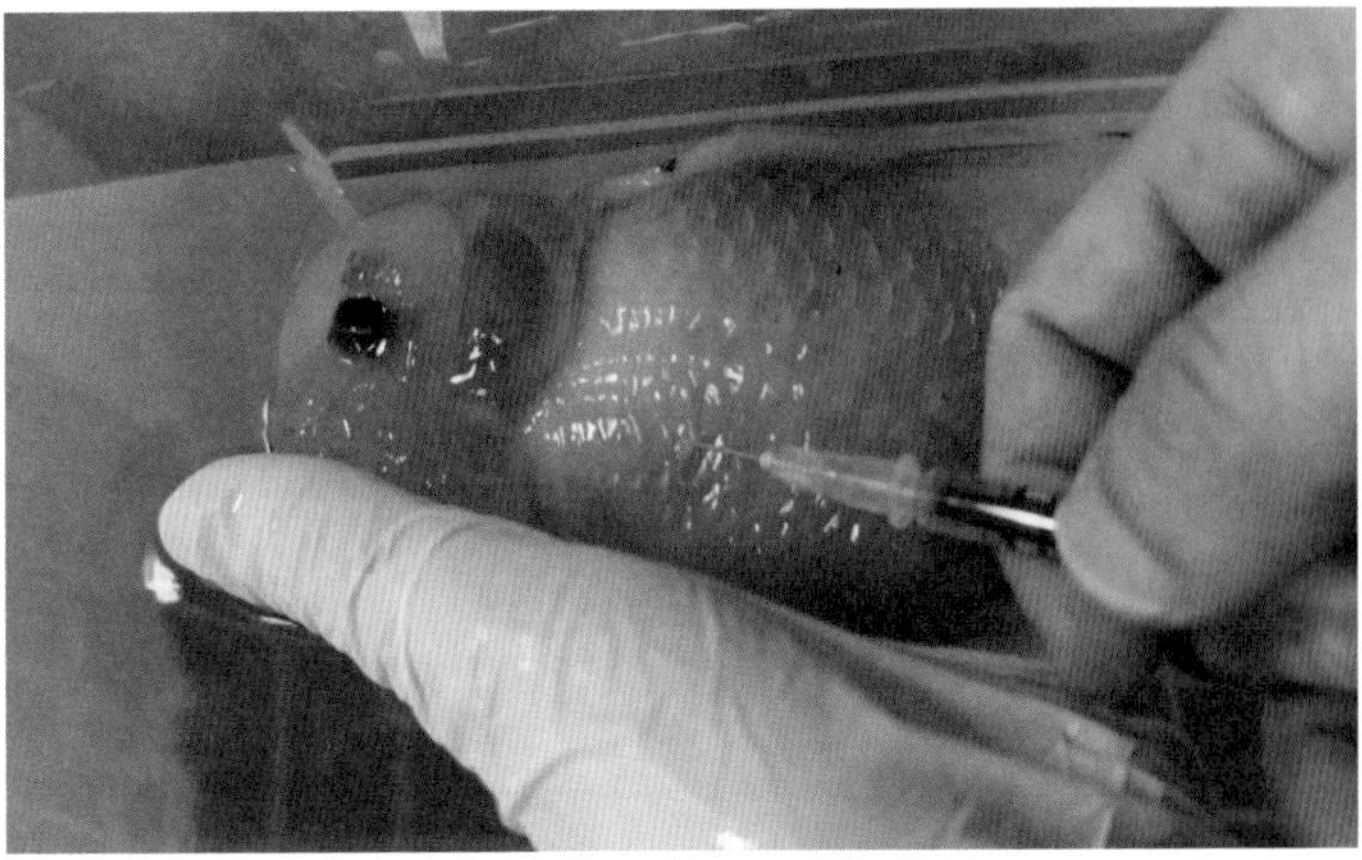

奇跡を祈って注射を打ち続ける

て痛みが増します。しんどいだろうと思っていたのですが、体力がついて楽になっているのかもしれません。

もっとも、調子のいい時も悪い時もあり、日々喜んだり落ち込んだりが続きました。目に見えてよくなるわけでもなく、松ぼっくりの体形も変わりません。

しかし、その中で、喜べることが少しずつ表れてきました。

野菜を多めに食べるせいか、雪ちゃんは下痢もせず、健康なフンを大量にするようになったのです。朝に水換えしても、夜には濁るほどで、朝晩の水換えとケースの丸洗いが日課になりました。

お腹の調子が安定しているのは、とても心強いものです。

薬で病気と戦わず、長期戦になっても焦らずに付き合っていこうと、体力回復の注射と食事療法を、毎日続けていきました。

●変化のきざし

発症24日目。注射10日目。

ウロコはやはり逆立ったままですが、初めて、体の黄色味が薄らいだように感じました。

茹でたブロッコリーを与えると、思わぬ俊敏さを発揮してかじりついたのにもビックリです。具合の悪い金魚にこんな動きはできません。

その夜、元気だった頃のようにブクブクをつついて遊ぶ雪ちゃんの姿を、久しぶりに見ました。

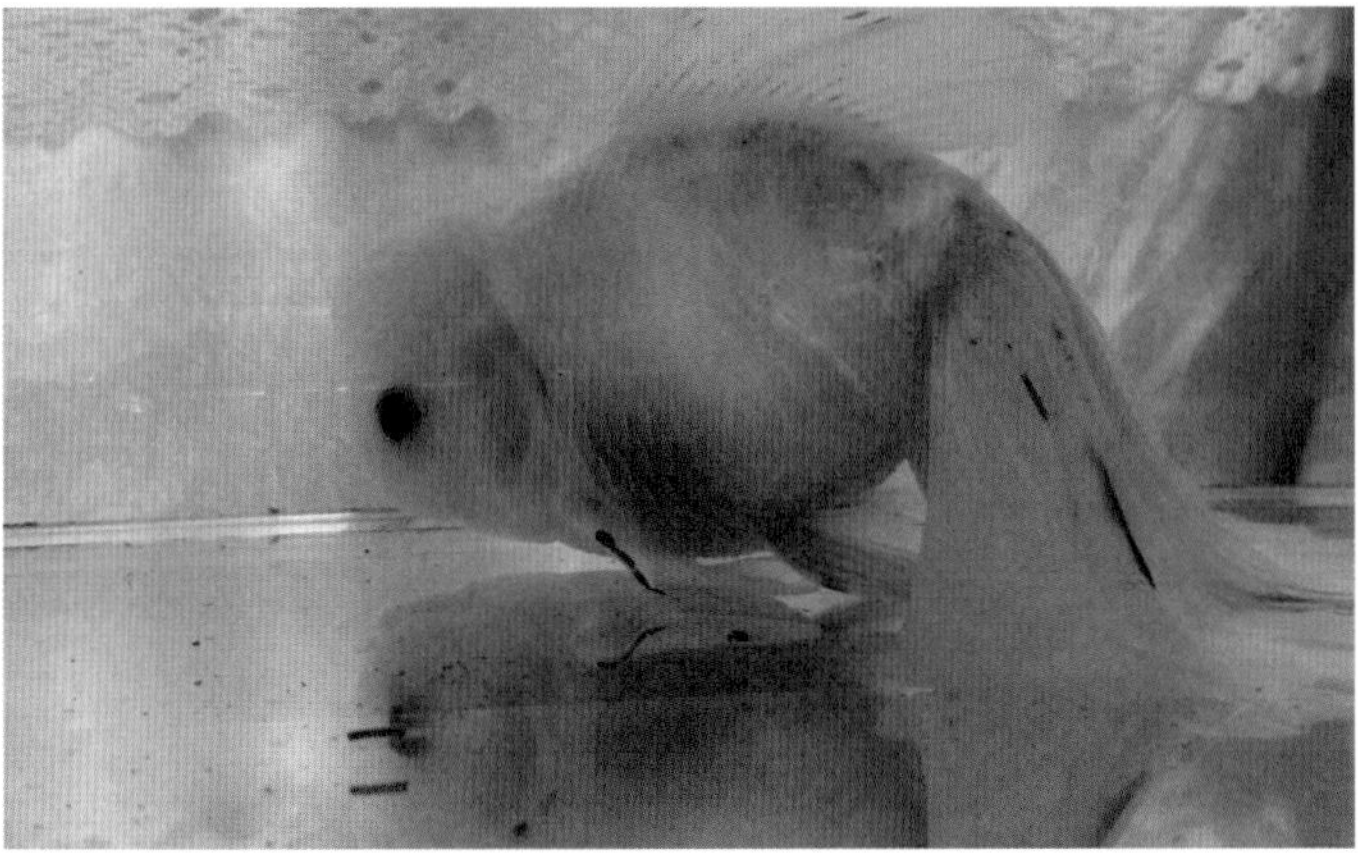
抗生剤をやめ、がんばる雪ちゃん

発症25日目。注射11日目。

点状出血を認めた日から、まもなくひと月になろうとしています。

誰が見ても、もう終わりだと思うほどの状態になった雪ちゃんは、それでも奇跡的に生き続けています。それどころか、徐々に体から黄色の色素が薄まり、充血も消えつつあるように見えるのです。

その翌日には、大きく開いたウロコが少し倒れてきたように感じました。

どれも、毎日凝視している私が感じる、ごくささやかな変化で、断言はできません。しかし、もし病気の悪化が止まったとすれば……。これは大きな喜びです。

発症27日目。注射13日目。

錯覚ではありません。雪ちゃんの体は、白い部分が徐々に増えてきました。一時、お腹は熟れたトマトのように充血していたのですが、その炎症も収まってきています。直角近くまで逆立っていたウロコは、場所によっては角度が浅くなったようで、肩の辺りは体に沿うほど近づいています。

先生に動画を送ると、

「雪ちゃんは確実によくなっているので、注射は今日で終わりです。3種類全ての注射薬を内服に移行してください」

と力強い返事がありました。

雪ちゃんはなんと13日も連続して、注射を打たれながら、ゆっくりと回復の道を歩んでいました。

毎日、針を刺されるストレスは相当なものだっただろう、よく長い間耐えてくれたと、魚類のプロである先生も驚いたように雪ちゃんを褒めてくれました。

季節は12月になっていました。

雪ちゃんから目を背けてしまった子どもたちに、「雪ちゃん頑張っているから、褒めてあげようね」と言ってみました。

下の子はすぐに、粘土で作った雪だるまを見せてあげ、息子は学校でもらったクリスマスツリーをプレゼントして、雪ちゃんの入ったケースのそばに置きました。

部屋の中に雪ちゃんがいます。隣には別の小さな熱帯魚の水槽を置き、そばで家族が憩っています。どうかみんなでクリスマスが迎えられますように。

回復過程の記録

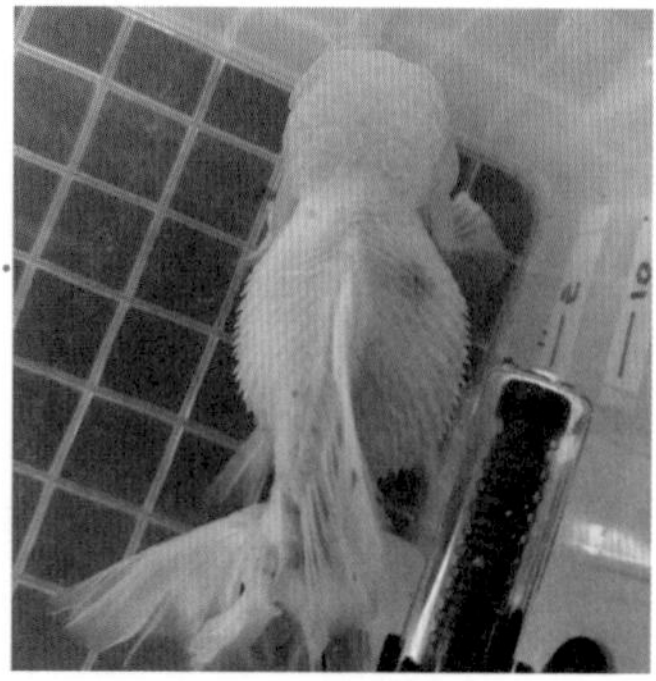

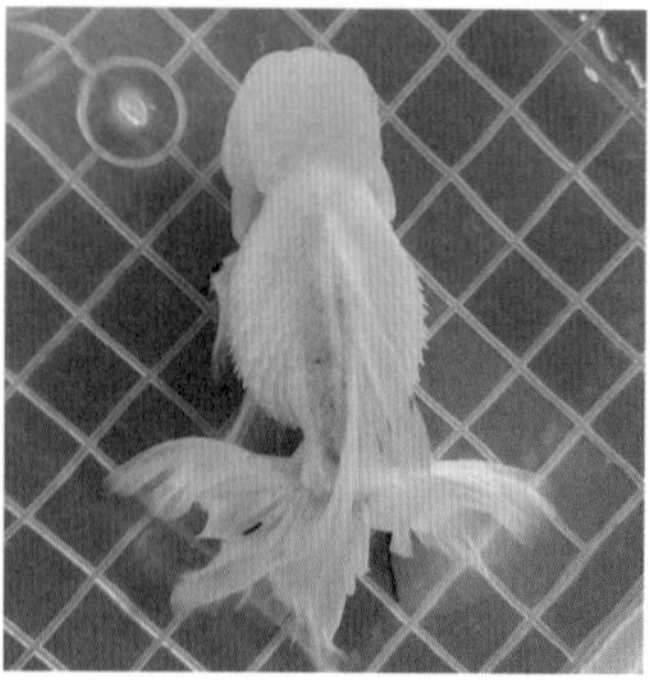

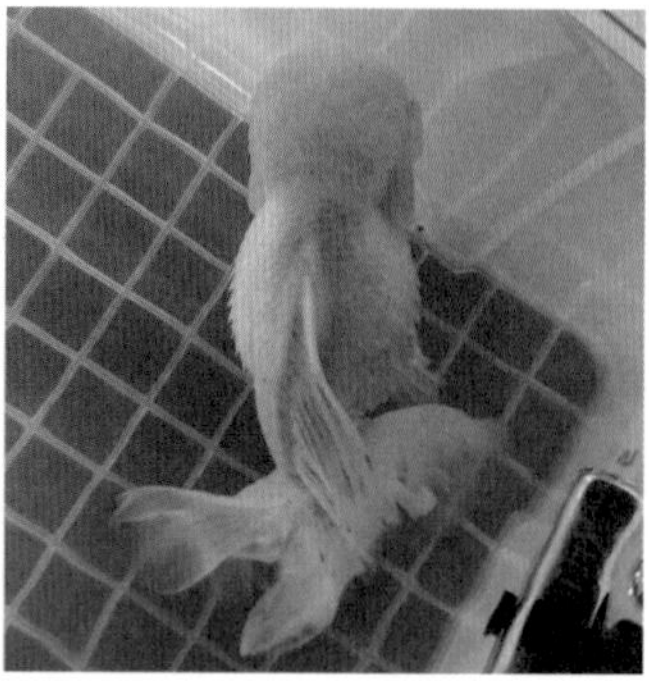

⑭ 雪ちゃんが大型水槽に戻る日

お迎え183日〜220日

一進一退をくり返しながら

発症から28日目。今日から注射を止め、薬の内服だけになります。

気のせいかなと思うくらい、ささやかで嬉しい変化がありました。

雪ちゃんの顔が元に戻りつつあるのです。病気になる前のやんちゃな目、表情がよみがえってきました。この違いがわかる人が、はたしているでしょうか。

不思議に思いましたが、先生のお話では、頭がモコモコした金魚は、体調が悪いと頭部（肉瘤）が少ししぼむのだそうです。健康になるにつれ、頭部のふくらみが回復して、以前の顔つきが復活してきたのかもしれません。

発症から30日目。内服治療3日目。

最も心配していたウロコの、いちばん開いていた部分が、明らかに傾き始めました。閉じていこうとしています。

もう少しだ。あともう少しで、本当に松かさ病が治るかもしれない。

どきどきするほど嬉しい兆候です。

それなのに、この日の雪ちゃんは元気がありませんでした。

背びれをたたんで長い間沈み、餌の食べ方も弱々しい。また不安になってしまいました。


こうして雪ちゃんは、見た目とは関係なく、体調のいい日と悪い日をくり返すようになりました。

内服より注射のほうが、薬の効果がよく表れます。確かに注射の頃のほうが活発でした。でも、もう注射に頼らずにいられるまで回復しなければなりません。

体調の冴えない日が続くと、また前に戻るのかと不安に襲われます。

そんな飼い主を力づけるように、活発に泳ぐ日もあります。前日、調子悪そうにじっとしていると、逆に翌日、急に元気になったりするのです。

一進一退ですが、ウロコは徐々に閉じようとしており、体も白くなっているのが救いでした。

雪ちゃんの体の中は、せめぎ合っています。注射なしで病気に勝つ力を、蓄えているさなかだと思うのです。

発症から40日目。内服治療13日目。

この日、体の色が一気に白くなりました。

前日、調子が悪かったのがウソのように、元気に泳いでいます。

治ったと言っていいのでしょうか？　そうであってほしい。

長く病気をしている雪ちゃんなので、体調には波があります。調子のいい時はよしとして、悪い時は無理をせずにじっと休む。よくても悪くても自然体でいる。そうしてうまく体を管理しているのかもしれません。

翌日、発症から41日、内服治療14日目。

ついにウロコがほぼ完全に閉じました。

先生に写真を送って報告します。

先生から、

「本当によかった。雪ちゃんの場合、完治とはまだ言えず、今後も注意が必要ですが、様子を見ながら元のように水槽で飼育して大丈夫です」

と言われました。

こんな日が来るとは……。言葉になりませんでした。

まだわずかにウロコが開いているので、0・5％の塩水飼育と栄養剤入りの薬餌は、もうしばらく続けることにしました。

●雪ちゃんが水槽に戻った日

それ以降、真水の大きな水槽に戻れるように、徐々に飼育水の塩分を調整し、水ならしを続けていました。

発症から70日目、先生に大丈夫と言われた治癒日から30日目。

雪ちゃんは生きています。

大きな水槽に戻って過ごしています。

ここに戻ってこられたのです。

今でも雪ちゃんのウロコは、よく見るとわずかに開き、昔のように、ゆで卵のような真っ白でツルツルの皮膚ではなくなってしまいました。

特に尾びれ付近は、皮膚から水が抜けきらず、ウロコが少し立ったままです。

あれだけひどく逆立った状態だったので、完全に閉じることは、この先ないのかもしれません。それでも死期を乗り越えたのです。もう十分です。


以前、家にはオレオちゃんという、松かさ病にかかった黒い金魚がいました。抗生剤の内服によって、いったんウロコがきれいに閉じました。

しかし、治ったと喜んだ3日後に、ウロコが再び逆立ち始め、そのまま天国へ行ってしまったのでした。

松かさ病は、治療も効果がないことが多く、治っても再発率が高いことで有名です。雪ちゃんにも再発の不安はつきまといます。でも、今のところ元気です。もうダメかも、と覚悟もしましたが、先生に助けられ、そして雪ちゃんがつらい治療に負けずに耐えたおかげで、私たちはもう少し長く一緒に暮らせるようになりました。

窓際での飼育は諦めたので、外の景色を雪ちゃんが楽しむことはできなくなりました。その代わり、室内で家族が遊んだりゲームに興じる様子を、不思議そうに眺めていたりします。

そうそう。雪ちゃんのお隣に、一時、熱帯魚の水槽を据えたことがあります。雪ちゃんは友達になりたそうに、ケースの端まで寄ってはアピールしていました。

好奇心が旺盛で、人も魚も大好きな、愛くるしい雪ちゃん。

その時は熱帯魚が警戒して、友達作りはうまくいきませんでしたが、雪ちゃんと相性がよさそうな子を、これから連れてきてあげようと楽しみにしています。

雪ちゃん、頑張ってくれてありがとう。
生きてくれてありがとう。
生きているだけで、こんなにも嬉しいんだね。
小さくて弱々しい金魚なのに、驚くほどの生命力を教えてもらったよ。
雪ちゃんと一緒に過ごせる時間を、これからも大切にしていくからね。

その後の雪ちゃん～あとがきに代えて

最後までお読みいただきありがとうございます。その後の雪ちゃんについて、少しお話しさせてください。

瀕死の状態から立ち直った雪ちゃんは、遊んだり休んだり、時にはまた病気になったりしながらも、雪ちゃんらしく元気に暮らしていました。

寂しがり屋で、ひとりでお留守番をさせたり、そのせいでゴハンが遅れたりしようものなら、たいそうおかんむり。私が近づくと、水槽の向こう側の隅に遠ざかって、顔を見せようとしないのです。いつもは人影があると、いそいそ近づいてくるのに。放っておかれた！　と怒っているのでしょうか。幼子のような抗議に驚くやらおかしいやら。こんなことからも、金魚は想像以上に、複雑な感情を持つと感じるのです。

そんな寂しがり屋さんのために、誰かを隣にお迎えしたいと思っていたところ、夫が雪ちゃんにそっくりのホワイト・ローズテールを購入しました。雪ちゃんを販売していたショップの本店が入荷した金魚で、同じ中国産、同じ生産ファームの出身。どうやら血縁関係がありそうです。

推定2023年生まれのこの子を、雪ちゃんの1歳下の弟と思い定め、ミンキーと名付けました（この子も、実は「追い星」（79ページ参照）が出るまで女の子と思っていました）。

同じ水槽に入れるのは雪ちゃんの健康によくないため、水槽を2つ並べ、ふたりは水槽の壁面越しにお隣りさんになりました。

雪ちゃんは初めこそ驚いて興味深そうに眺めていたものの、ほどなく平常通りに過ごし始め、ミンキー君は、新しい環境に臆することなく、活発に泳ぎ回っています。体のひと回り大きな雪ちゃんを見ても、気にもならず、自由に過ごしていました。

こうして見ると、病弱な雪ちゃんもずいぶんと大きく、立派に成長していたことに気づかされます。さすがはお兄ちゃんです。

同じ水槽でともに交わることはありませんが、やはり同族だからか、ふたりは徐々に親しくなり、境界の水槽壁面まで近づいて、よく顔を合わせるようになりました。

雪ちゃんが異常遊泳で体をうねらせた時には、ミンキー君もひるんで去ったりしましたが、だんだん慣れていったようです。体調が悪くなると、雪ちゃんは境界から離れ、遠くの隅でじっと休みます。ミンキー君は、境界ぎりぎりまで寄って、そんな兄を気づかうように見つめていました。


弟ができて2カ月、前回の大病から回復して4カ月後の春。

雪ちゃんのウロコが、わずかに開き始めました。

春先は気温の変化で体調を崩しやすいため、水温にも水質にも食べ物にも、本当に気をつけていましたが、それでも松かさ病を発症してしまいました。

ミンキー君が来てからというもの、雪ちゃんはとてもうれしかったのか、元気で、よくはしゃいでいました。それで疲れすぎてしまったのでしょうか。病気のせいで砂利も水草も、他の魚と混ぜることも禁止。そんな雪ちゃんにとってミンキー君は、弟で友達で、唯一の楽しみだったのかもしれません。すぐによくなると思ったのですが、病状は徐々に悪化し、前回と同じ兆候が表れ、本格的な治療となりました。いや、今までにないことが起こりました。

雪ちゃん（右）に急いで近づこうとするミンキー君

ジン先生の予約を取り、受診するまでの間、指示によって私は抗生剤の注射を打つことになったのですが、2度目の注射の後、穿刺部分がひどく赤く腫れてきました。それも今ではなく、前回刺した部分です。注射で深刻な内出血が起きるようになったのです。注射そのものが危険になったと察し、注射はやめました。内服と消毒で炎症を抑えながら、先生の診察を待つことにしました。

雪ちゃんは心細くなったのか、家族の誰かを見ては追いかけてきます。また注射も打たれて、なんとなく気落ちしたように見えます。

雪ちゃんを治療に使う浅いプラスチックケースに移し替え、ミンキー君の隣に置き直します。ふたりはすぐに境界に寄ってきて、お互いに無事を確かめ合うようでした。

いつの間にか、ふたり一緒にいる時が、いちばん落ち着くような仲になっていました。


発症7日目。雪ちゃんは朝からずっとぼーっとしながら、弟とこちらを見ていました。

優しくて穏やかで可愛い顔でした。

ぼーっとしているけれど、つらそうでも苦しそうでもなかった。

全くこんなことあるのかと思うくらい、穏やかでのんびりとしていました。

午後3時過ぎに、そっと水槽にかけたカーテンの後ろに隠れました。

10分後、雪ちゃんをのぞくと、エラの動きが止まっていました。

もう、目を覚ますことはありませんでした。

やっぱり雪ちゃんは、神様にも仏様にも愛された金魚だったのかもしれない。

こんな穏やかな最期を迎えることができるなんて。

息子曰く、「雪ちゃんは魔法の金魚だったね」と。

翌日、お葬式を挙げました。火葬で灰と骨になった雪ちゃんを収めた小壺を胸に抱いて、家族で泣きました。

雪ちゃんは白い雲になって、今日もどこかで、のんびりゆっくり空を泳いでいると思います。

去年の6月、もって1週間と言われたのに、4月21日の日曜日まで、10カ月も一緒にいてくれた。本当にありがとう。

今まで何度もお礼を言ったけれど、最後のお別れでも、真っ先に浮かぶのは感謝の気持ちでした。

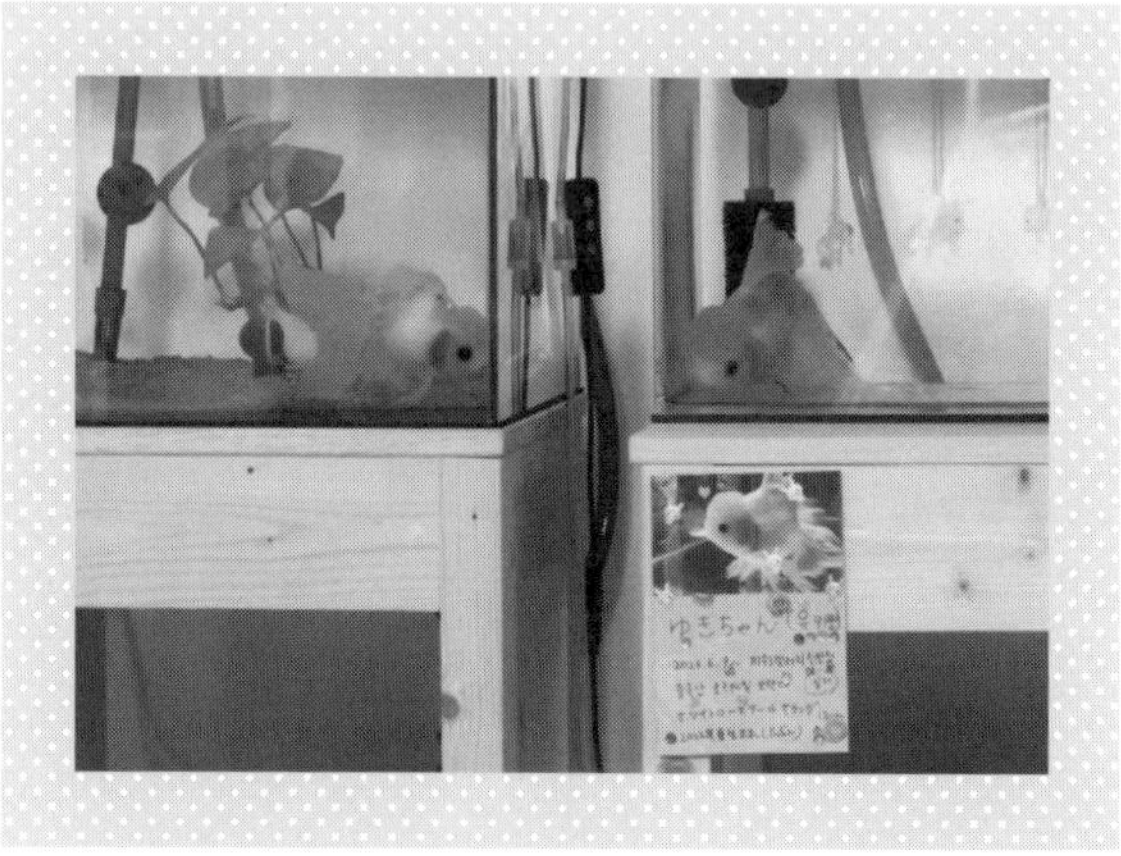
ゆきちゃん

著者紹介

「えみこのおうち」管理人えみこ
金魚をメインとしたアクアリウム系YouTubeチャンネル「えみこのおうち」管理人。チャンネルでは金魚の魅力や金魚飼育に関する情報を発信している。元看護師。韓国在住。
本書は、爆発的な再生回数を記録した「金魚の雪ちゃん」シリーズをまとめた１冊で、金魚と飼い主の10か月にもわたる奮闘記である。YouTubeチャンネル登録者は25万人超（2024年5月現在）。

金魚《きんぎょ》の雪《ゆき》ちゃん

2024年６月30日　第１刷
2024年７月１日　第２刷

著　　者　「えみこのおうち」管理人《かんりにん》えみこ
発 行 者　小 澤 源 太 郎

責任編集　株式会社 プライム涌光
電話　編集部　03(3203)2850

発 行 所　株式会社 青春出版社
東京都新宿区若松町12番１号 〒162-0056
振替番号　00190-7-98602
電話　営業部　03(3207)1916

印　刷　共同印刷　　製　本　フォーネット社

万一、落丁、乱丁がありました節は、お取りかえします。
ISBN978-4-413-23364-4 C0076